水　　貂

金州黑貂

美国短毛黑貂

笼舍照片

丹麦水貂养殖厂区图片

我国集约化养殖厂区

丹麦饲料原料

中国的毛皮动物饲料原料

我国集约化养殖打皮现代化装置

如何办个赚钱的 水貂家庭养殖场

◎钟 伟 刘晓颖 主编

中国农业科学技术出版社

图书在版编目（CIP）数据

如何办个赚钱的水貂家庭养殖场／钟伟，刘晓颖主编．
—北京：中国农业科学技术出版社，2016.4
（如何办个赚钱的特种动物家庭养殖场）
ISBN 978-7-5116-2559-5

Ⅰ.①如…　Ⅱ.①钟…②刘…　Ⅲ.①水貂-饲养管理
Ⅳ.①S865.2

中国版本图书馆 CIP 数据核字（2016）第 060151 号

选题策划　闫庆健
责任编辑　闫庆健　张敏洁
责任校对　马广洋

出 版 者　中国农业科学技术出版社
　　　　　北京市中关村南大街 12 号　邮编：100081
电　　话　(010)82106632(编辑室)　(010)82109704(发行部)
　　　　　(010)82109709(读者服务部)
传　　真　(010)82106625
网　　址　http://www.castp.cn
经 销 者　各地新华书店
印 刷 者　北京华正印刷有限公司
开　　本　850mm×1 168mm　1/32
印　　张　9.25　　彩插　6 面
字　　数　206 千字
版　　次　2016 年 4 月第 1 版　2016 年 4 月第 1 次印刷
定　　价　30.00 元

《如何办个赚钱的水貂家庭养殖场》

编 委 会

主　编　钟　伟　刘晓颖

编　委　（以姓氏笔画为序）

丛　波　刘晗璐　杨　福　张铁涛

张　婷　陈　曦　罗国良　徐　超

前 言

水貂皮张以雍容华丽而闻名，以“软黄金”而著称，一直深受广大消费者的青睐。随着我国经济的发展及人们生活水平的提高，人们对裘皮制品的需求日益增加，促使我国的水貂养殖业发展迅速，养殖数量日益增大，主要分布在河北、山东、辽宁、黑龙江、吉林、内蒙古等省区，其中，以山东、河北、辽宁三省的养殖数量居多。水貂养殖已成为我国“特色养殖业”中的重要组成部分，每年创造巨大的经济产值，同时，还带动了相关产业链的经济效益，在我国新农村建设和农村经济发展中发挥着重要的作用。

随着水貂养殖业的快速发展，养殖规模的逐渐扩大，出现了诸多制约产业发展的问题。鲜饲料资源紧缺供不应求，饲料价格上涨，养殖成本增加；饲料配制不合理，饲料利用率低，造成饲料浪费和环境污染；养殖条件粗放、饲养管理和生产技术亟需提高；危害水貂健康的重大传染病和严重性疾病频发，造成重大经济损失。为了增加水貂养殖经济效益，必须要学习养殖生产技术、加强饲养管理，有效利用当地饲料资源，科学配制饲料，降低饲养成本，同时预防重大传染病发生，提高水貂生产性能。

为了普及水貂科学养殖知识，笔者收集了国内外水貂养殖的成功经验，结合我国水貂养殖生产实际，将影响水貂养殖效益的关键技术整理成书。内容涵盖了水貂的品种资源、生物学特性、养殖场建设、饲养与管理、饲料与营养、良种繁育、微生态制剂开发与推广应用、疾病防治及皮张加工技术。

本书新颖、实用、通俗易懂，适合水貂饲养场及相关单位的管理人员与技术人员、大中专经济动物专业的学生以及广大水貂养殖户参考使用。

本书编写过程中参考引用了不同方面的研究报告及论述，在此对原作者表示深切的谢意。由于资料有限和个人水平问题，书中欠妥和不足之处在所难免，恳请广大读者和业内同仁批评指正。希望本书能为水貂养殖业的健康持续发展作出一点贡献。

编　者

2016 年 2 月

目 录

水貂的品种资源、地理分布及生理特性

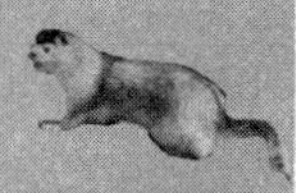

第一节　水貂的品种资源及地理分布

水貂属于食肉目、鼬科、鼬属、水貂亚属动物。在自然界水貂亚属有 3 个种，即美洲水貂（Mustela vison）、欧洲水貂（Mustela lutreola）和海水貂（Mustela macrodon，已绝种）。美洲水貂主要分布在北美洲的阿拉斯加到墨西哥湾，拉布拉达到加利福尼亚以及俄罗斯的西伯利亚等地区。美洲水貂共有 11 个亚种。欧洲水貂主要分布在欧洲，但数量急剧下降并且活动范围也大大缩减，目前，大部分栖息在东欧地区，同时，在法国西部和西班牙北部也有一些分散的分布，已被列为“濒危”物种。

世界各地饲养的水貂均由美洲水貂驯养、培育而来。家养水貂中有许多不同毛色的品种，实际是野生水貂在家养条件下出现的毛色突变型，经过选育形成的新色型水貂。

一、标准色水貂系列

野生水貂毛色多呈浅褐色，家养水貂经过多个世代的选育，毛色加深，多呈深褐色或黑褐色，野生水貂及其人工驯养过程中所培育出来的毛色黑褐色的水貂统称为标准色水貂，

简称标准貂。野生标准貂毛色浅褐色至深褐色，人工驯养培育的标准貂毛色黑褐色至黑色。标准貂是水貂毛色育种中的原始基础类型，毛色明显不同于标准貂的其他色型水貂统称为彩色水貂。标准貂的基因型除相对于少数显性基因色性（本黑、显性白）为隐性外，对于绝大多数其他隐性基因型均为显性。

二、丹麦棕色貂系列

（一）丹麦深棕色貂（Mahogany）

暗环境下与黑褐色水貂毛色相似，但光亮环境下，针毛黑褐色，绒毛深咖啡色，随光照角度和亮度不同，毛色也随之变化。

（二）丹麦浅棕色貂（Scanbrown）

体型较大，针毛颜色呈棕褐色，绒毛呈浅棕咖啡色，活体颜色较深，棕色鲜艳。

三、彩色水貂系列

彩色水貂是黑褐色标准水貂的突变型。目前已发现 30 多个毛色突变基因。彩貂皮色泽鲜艳，绚丽多彩，经济价值高。

（一）隐性突变系

1. 灰蓝色系

（1）银蓝色水貂（Platinum）。又称铂金色水貂，是最早

(1930年)出现的毛色变种。被毛呈金属灰色，毛色深浅变化较大，体型大、体躯疏松，被毛较粗，繁殖力高，在彩色水貂的组合色型上占有重要地位。

(2)钢蓝色水貂(Steelblu)。被毛颜色比银蓝色深，近于深灰，毛色不匀，被毛粗糙，品质不佳。

(3)青蓝色水貂(Aleutian)。又称阿留申貂，针毛深灰色，绒毛浅蓝色。体质较弱，抗病力差，阿留申病感染率高。

2. 浅褐色系

(1)咖啡色水貂系列(Pastel)。被毛呈浅褐或深褐色，体型较大，繁殖力高。这种水貂在组合色型上占有重要地位，冬蓝色貂(Winterbin)，玫瑰色貂(Rose)，红眼白貂(Regal white)等组合色型都具有咖啡色水貂基因。

(2)米黄色水貂(Palomino)。被毛色泽由浅棕黄色至浅米黄色，眼呈粉红色，体型较大，繁殖力高。

3. 白色系水貂

(1)黑眼白貂(Hedlund White)。又称海特龙貂，毛色纯白，眼睛黑色，母貂耳聋，繁殖力低。

(2)白化貂(Albino)。被毛白色，鼻、尾、四肢呈锈黄色，眼畏光。毛色纯白程度不如黑眼白貂。

(二)显性突变型

显性突变型水貂后裔在毛色、毛绒品质等方面均与亲本相似。

1. 漆黑水貂(Jet Black)

又称煤黑水貂，被毛呈漆黑色，针毛、绒毛短、平、齐，光泽度好，真皮层内黑色素大量聚集。

2. 银紫蓝貂（Silver Sable）

又称蓝霜貂，呈灰色和蓝色，腹部有大白斑，四肢和尾尖白色，白针散在全身，绒毛由灰至白。

3. 黑十字貂（Black Cross）

有两种基因型和表现型。纯合型（SS）水貂被毛呈白色，头、颈和尾根有黑色毛斑，肩、背和体侧有散在的黑色针毛。杂合型（Ss）水貂肩、背部都有明显的黑色十字图案，其余部位毛色灰白，少有黑针。

（三）组合色型

1. 蓝宝石水貂（Sapphire）

又称青玉色水貂，由银蓝色和青蓝色 2 对纯合隐性基因组成。被毛呈金属灰色，接近于天蓝色。生活力、繁殖力较低。

2. 银蓝亚麻色水貂（Platinum Blonde）

被毛呈灰色，眼深褐色。由银蓝、咖啡两对基因组成。

3. 红眼白貂（Regal white）

又称帝王白貂，毛色白色，眼呈粉红色。体型大，繁殖力优于黑眼白貂。

4. 珍珠色水貂（Pearl）

由银蓝和米黄色两对纯合隐性基因组合而成。被毛呈棕灰色，眼睛粉红色。

5. 冬蓝色水貂（Winterblu）

毛色为淡蓝棕色，眼睛粉红色。

6. 玫瑰色水貂（Rose）

毛色呈淡玫瑰色，价格较高。

7. 粉红色水貂（Pink）

毛色近于很浅的珍珠色，带有粉红色调，眼睛红。

8. 芬兰黄玉石色貂（Finnish Topaze）

由褐眼咖啡色和索科洛特咖啡 2 对纯合隐性基因组成。毛为浅褐色，眼睛深褐色。

9. 紫罗兰色貂（Violet）

由银蓝、青蓝和咖啡色 3 对纯合隐性基因组成。毛色与冬蓝色貂相似，但略浅或略蓝。

第二节　我国水貂现有品种资源及分布区域

我国 1956 年开始引进水貂，20 世纪 50 年代从前苏联引进标准貂，20 世纪 70 年代从北欧引进标准貂和各种彩貂，20 世纪 80 年代引进北美黑貂，1998 年从丹麦引进深咖啡貂，浅咖啡貂和红眼白貂，1998 年和 2003 年从美国引进世界著名短毛黑貂。近几年来，从丹麦引进大量咖啡色水貂和红眼白色水貂。引进品种经风土驯化和培育形成适应我国地理环境和饲养条件的优良品种，主要有吉林白水貂、金州黑色标准水貂、金州黑色十字水貂、山东黑褐色标准水貂、东北黑褐色标准水貂、米黄色水貂、明华短毛黑色水貂。

一、引进品种

目前，我国大量养殖的引进品种有银蓝色水貂、美国短毛漆黑色水貂、丹麦咖啡色水貂。

1. 银蓝色水貂

原产地为瑞典，是人工饲养条件下的毛色突变种，最早于1930年被发现。经过严格选种选配，逐步培育形成。在20世纪60年代引入我国，表现出很强的适应性，在我国水貂主养区都有分布。具有体型大、结构匀称、繁殖力高、耐粗饲、抗病力强、适应我国气候条件和饲料条件等优良特性。主要在辽宁、山东、河北、吉林、黑龙江等地区都有饲养。金州水貂场2010年建立银蓝色水貂保种场，核心群种貂6 800只，种群存栏22 000只。

2. 美国短毛漆黑色水貂

原产于美国中部的威斯康星州，我国20世纪80年代从保罗貂场引进短毛漆黑水貂。短毛漆黑色水貂具有针毛长度适宜而平齐，绒毛丰满、长度致密，背腹部毛长趋于一致，体型较大，是毛绒品质最好的品种。但其对饲料条件要求高、产仔数较少，很多饲养场引种后都出现品种退化严重的现象。主要在吉林、黑龙江、辽宁等地饲养。

3. 丹麦咖啡色水貂

咖啡色水貂是丹麦引进品种。毛色以咖啡色为主，具有体型大、繁殖力高、针毛短，绒毛丰厚等特性。但存在毛色分离严重现象。目前哈尔滨高泰牧业有咖啡色水貂种场，山东文登奥吉利斯貂场2012年引进咖啡色种貂1.5万只。

二、自主培育品种

1. 吉林白水貂

中国农业科学院特产研究所1966年开始用前苏联咖啡色水貂和黑褐色水貂做母本，与引进的白貂杂交，经过分离、提纯，远缘杂交，历经10年培育成吉林白水貂。吉林白水貂具有被毛洁白、美观，抗病力强、适应性广，繁殖力高的特点，还具有耐粗饲、饲料利用率高等特性，适合在我国北方广大地区推广饲养。主要在吉林省进行饲养，后推广至辽宁、河北、黑龙江等地区。

2. 金州黑色标准水貂

金州黑色标准水貂是辽宁省华曦集团金州珍贵毛皮动物公司历经11年（1988—1998年）的艰苦努力，以美国短毛黑水貂为父本，丹麦黑色标准水貂为母本，通过杂交育种成功培育出的优秀水貂品种。具有体型大、毛色深黑、繁殖力高、背腹毛色一致、下颌无白斑、全身无杂毛、毛绒品质优良、适应性广、遗传性能稳定，是当前国内饲养的主要品种。中心产区为辽宁省大连市金州区，主要在辽宁、山东、河北、吉林、黑龙江等地饲养。

3. 金州黑色十字水貂

金州黑色十字水貂也称黑十字水貂，是由辽宁省畜产进出口公司金州水貂场与辽宁大学生物系通过8年（1972—1980年）联合培育成功的品种。首先，利用一只黑色十字水貂为宗祖公貂与黑褐色标准水貂杂交，杂种一代不同母系亲本的黑十字水貂进行互交，子二代中获得3/4的黑十字水貂，其中，1/3为显性纯合（SS），利用显性纯合型黑十字水貂与黑褐色标准水貂杂交，产生子代全部为黑十字（SS、Ss）。黑十字水貂具有毛色纯正、图案明显、皮板洁白、毛皮成熟较早的优点。但公貂利用率、母貂产仔数不够理想，因此，应在繁殖力、体型等方面重点加强选育。

4. 山东黑褐色标准水貂

山东黑褐色标准水貂是以瑞典引进的黑褐色标准水貂为父本，经过风土驯化的前苏联黑褐色标准水貂为母本，采用级进杂交方法培育的。山东黑褐色标准水貂适应山东省及其周边地区的饲料条件和气候环境，具有繁殖力高、适应性强、饲料利用率高、生长发育快、抗病力强等优点。山东黑褐色标准水貂毛绒品质不够理想，因此，近年来养殖规模逐渐缩小，但是，由于繁殖力高、适应性强，可以作为新品种培育的良好遗传素材。主要在山东省及其周边地区饲养。

5. 东北黑褐色标准水貂

东北黑褐色标准水貂又称东北标准水貂，以风土驯化的前苏联黑褐色水貂为母本，丹麦引进的黑褐色标准水貂为父本，通过杂交选育而成。具有体型大、结构匀称、繁殖力高、适应我国气候条件和饲料条件等优良特性。但是，由于毛绒品质较差，随着国外短毛黑色水貂的选育成功，饲养数量逐年减少，但繁殖力高，可以作为新品种选育的亲本素材。主要在吉林、黑龙江地区饲养。

6. 米黄色水貂

由中国农业科学院特产研究所培育。以前苏联型黑褐色标准水貂为母本，米黄色水貂为父本，通过杂交培育而成。具有生活力较强、繁殖力较高、适应性较强的品种。但毛绒色泽差异较大，在今后育种工作中，应在毛色方面加强选育。主要在吉林、黑龙江、河北、山东等地区饲养。

7. 明华短毛黑色水貂

由大连明华经济动物有限公司水貂场历经10年培育的水

貂品种，2013 年通过品种鉴定。具有毛色深黑，光泽丰满、毛峰平齐、绒毛柔软、灵活等特点。主要在辽宁、山东等地饲养。

第三节　水貂的生物学特性

一、水貂的形态特征

水貂的形态和黄鼬（黄鼠狼）相似。体细长，头粗短，耳壳小，四肢短，趾基间有微蹼，尾较长，肛门两侧各有一臊腺。一般成龄公貂体重 1 800 ~ 2 500 克，体长 40 ~ 45 厘米，尾长 18 ~ 22 厘米；成龄母貂体重 800 ~ 1 300 克，体长 34 ~ 38 厘米，尾长 15 ~ 17 厘米。

在野生状态下水貂主要栖居在河旁、湖畔和溪边，利用天然洞穴营巢。巢洞长约 1. 5 米，巢内铺有鸟兽羽毛和干草，洞口则开设于有草木遮掩的岸边或水下。水貂主要捕食小型啮齿类、鸟类、爬行类、两栖类、鱼类的某些动物，如野兔、野鼠、蝼蛄、鸟、蛇、蛙、鱼、鸟蛋及某些昆虫类。水貂的听觉、嗅觉敏锐，活动敏捷，善于游泳和潜水，长在夜间以偷袭的方式猎取食物，性情凶残孤僻，除交配和哺育仔貂期间外，均单独散居。

美洲水貂由于原产于高纬度地带，漫长的自然选择，使其在遗传上获得了繁殖具有明显的季节性这一属性。每年繁殖 1 次。2—3 月交配，4—5 月产仔，一般每胎产仔 5 ~ 6 只。生后 9 ~ 10 个月龄性成熟，2 ~ 10 年内有生殖能力，寿命12 ~

15年。每年春秋两季各换毛1次。

二、水貂的生理结构特点

（一）水貂消化道生理特点

水貂的消化系统由消化道（口腔、咽、食道、胃、肠、肛门）与消化腺（唾液腺、胃肠消化腺、胰腺、胆囊）组成。

水貂是杂食性动物，其牙齿构造与排列非常适宜撕碎和磨碎小块饲料，犬齿较门齿和臼齿发达，采食时靠舌吞食，不细咀嚼。胃容积很小，呈横袋装，消化机能强，食物在胃中停留时间很短，所以，饲料要尽可能粉碎，以增加饲料与肠黏膜的接触面积，提高饲料的利用率。水貂是单胃动物，水貂肠管较短，长度为体长的3.5~4倍，水貂的大肠包括结肠和直肠全长20cm左右，无盲肠，这是水貂最显著的特征。

水貂消化腺能够分泌大量蛋白酶和脂肪酶，所以对动物性饲料消化能力强，因此，水貂饲料主要以蛋白质含量高的动物性饲料为主。由于分泌的淀粉酶少，所以，对植物性蛋白的消化能力不强，因此，日粮中谷物、蔬菜比例不可过大。由于对纤维素的消化能力极弱，因此，谷物要熟制后再饲喂。水貂体内所需的维生素不能合成，必须从饲料中摄取。

（二）水貂生殖生理特点

1. 季节性繁殖

水貂是季节性繁殖的动物，表现在公母貂的生殖系统和繁殖活动随着季节的变化而发生规律性的年周期变化，每年只繁殖1次，调节水貂季节性繁殖活动的生态因素，主要是光周期的季节变化。

公貂4—11月睾丸处于相对静止状态，没有性欲。春分后，随着光照时数增加，睾丸开始萎缩进入退化期；秋分后，随着光照时数的缩短，睾丸开始发育，初期发育缓慢，冬至后迅速发育。7—9月，血浆中雄激素的含量很低，维持在0.9~1.2毫微克/毫升，秋分后开始，雄激素浓度不断上升，2月或3月初达到高峰，交配后开始下降。睾丸的重量也随着季节发生相应的变化。从11月下旬起，睾丸重量日益增大，3月中、上旬是性欲旺期，3月下旬配种能力明显下降。

母貂的卵巢具有明显的季节性变化。秋分后，卵巢逐渐发育，到配种期卵巢增至最大。配种季节，卵泡迅速生长、卵巢体积增大，比配种前几乎增加一倍。育成母貂的卵泡数和排卵数少于同期成年母貂，因此，胎产仔数比成年母貂少。

2. 水貂是刺激性排卵的动物

水貂具有刺激性（或诱导性）排卵和多次排卵现象。其排卵需要通过交配或类似刺激才能发生。在配种季节，卵巢以8天左右的间隔时间，形成4次或更多次的卵泡成熟期。大多数母貂通常可出现2~4个发情周期，少数母貂出现2个或5~6个发情周期。母貂在每个发情周期内进行交配都可受孕。但在配种中期，成熟卵泡数量最多，所以，在此时期受配的母貂具有较高的产仔数。

3. 水貂胚泡延迟附植现象

水貂在交配后60小时、排卵后12小时内完成受精过程，到交配后第8天，受精卵发育成胚泡，进入一个相对静止的发育过程（滞育期或潜伏期），通常持续1~46天。当体内孕酮水平开始增加 5 ~ 10 天后，胚泡才附植于子宫内，进入胎儿发育期。水貂胚胎滞育的长短取决于妊娠黄体的发育，妊娠黄体的发育又与光周期变化规律密切相关。由于滞育期胚泡处于游离状态，所以，死亡率很高。滞育期越长，死亡率越高，因此，可以通过采取人工有规律的增加光照时间缩短滞育期，可以增加产仔数。

第二章　现代化水貂养殖场区建设与生产模式

场址的选择是一项科学性和技术性较强的工作。场址选择合理与否，直接影响到生产发展。场址的选择应该以自然环境条件适合于水貂生物学特性为宗旨，并以稳定的饲料来源为基础，根据生产规模及发展远景规划，全面考虑其布局，首先要考虑饲料条件，尤其是动物性饲料来源。最好选择距离畜禽加工厂、冷冻厂较近、或在江河湖海的沿岸，易于获得饲料和有冷冻条件的地方，场址附近有充足的清洁水源，交通方便，环境僻静、清洁卫生、远离交通要道和畜禽场，地势干燥，背风向阳，能避开寒风侵袭，便于处理粪便和污水的山谷或平原。水貂长一般分为 3 个功能区：即生产区（包括貂棚、饲料储藏室、饲料加工室等）、管理区、疫病防治管理区（包括兽医室、隔离区）。3 个区域的整体位置应本着符合卫生要求，便于生产活动为原则。因此要考虑风向、交通、水源、环境保护、防疫卫生等具体条件。

第一节　水貂集约化养殖笼舍建造

貂舍要建在地势较高，地面干燥，背风向阳的地方。水貂笼舍包括棚舍、貂笼和小室（窝箱）。

一、貂棚

貂棚是安放水貂笼箱的简易建筑，有遮挡雨雪及防止烈日暴晒的作用。貂棚的走向，应考虑当地的气温、湿度、风向和日照等条件，如夏季能遮挡日光的直射，通风良好，冬季能使貂棚两侧较平地得到日照，结构设计简单，只需棚柱、棚梁和棚顶，不需建造四壁。貂棚可用石棉瓦、钢筋、水泥、木材等作材料。修建时，要根据当地情况，就地取材，灵活设计。棚舍既要符合水貂的生物学特性，又要坚固耐用，操作方便。

水貂棚舍的规格，通常棚长 25 ~50 米，棚宽 3.5 ~4 米。棚间距 3.5 ~4 米，棚檐高 1.4 ~1.7 米，要求日光不直射貂笼。

水貂棚舍一般均为高窄式，内置两排貂笼。也可适当增加跨度，达 8 米左右，为种貂与皮貂合用棚舍（两边养种貂，中间养皮貂）。

二、笼舍

貂笼和小室安装在一起称为笼舍。笼舍是水貂活动、采食、排便、交配、产仔和哺乳的场所，多采用电焊网编制而成的笼子，坚固耐用，而且美观。貂笼和小室规格的确定因貂的利用价值而定，一般种貂较大，皮貂较小。

貂笼和小室的规格

貂笼网眼为 3.5 ~5 平方厘米。笼底用较粗的 14 号铁丝编制，四周用较细的16号铁丝编制，也可用电焊网，带孔铁皮等制成。种貂笼的长度高为600毫米×450毫米×400毫米，皮貂笼为600毫米×350毫米×400毫米。

小室（窝箱）是水貂休息、产仔、哺乳的地方，通常小室多用15～20毫米厚的木板制成。规格为500毫米×320毫米×400毫米，皮貂小室规格为260毫米×260毫米×400毫米。

水貂的笼箱有许多规格和样式。带有活动隔板式的笼箱，是在小室内有一块可以装卸的隔板。非繁殖期装上隔板，将小室分为相等的两小间，每小间设有一圆形出入口（直径10～12厘米），同时，配备两个貂笼，可供饲养2只水貂。繁殖期（妊娠、产仔哺乳期）取下隔板，使之成为一间，一室两笼养1只母貂。种貂的窝箱出入口要离箱底高一些（50～100毫米），必须安装插板口，以便于配种和产仔检查时使用。貂笼和小室统一安装和固定在貂棚两侧，大型貂场可安装双层，能提高貂棚空间的利用率，小型貂场或种貂以安装单层较好。安装双层时通常种貂笼舍在下。

貂笼的安置一般要求距离地面40厘米以上，笼间距为5～10厘米，可在两笼中间放置一张密网，以免相互咬伤。笼门要灵活，在貂笼和窝箱内切勿露出钉头或铁丝头，以防损伤毛皮。无自动饮水装置的地方，笼内要备有饮水盒，并固定在笼内侧壁上。安装笼舍可采用三角铁、钢筋、木材或竹材等制成四角柱架，把笼舍放在柱架上即可，下层笼舍距离地面不少于40厘米，每个笼舍上下左右距离为4～5厘米，以防水貂相互咬伤。每个笼内在靠近笼门处安装食盆架以固

定食盆。笼内还要安装水盒，在安装时要考虑便于水貂饮水和添水以及冲洗。

第二节　水貂现代化饲养器具与设备

我国水貂养殖饲料加工以貂场自制饲料为主，还没有形成饲料统一供应模式。貂场设有饲料加工室、饲料贮藏室、毛皮加工室和综合化验室。主要设备如下。

（一）饲料加工室

饲料加工室是冲洗、蒸煮和调制饲料的地方，室内应具备洗涤饲料、熟制饲料的设备或器具，包括洗涤机、绞肉机、蒸煮罐等。室内地面及四周墙壁，须用水泥抹光（或铺、贴瓷砖），并设下水道，以便于洗刷、清扫和排除污水，保持清洁。

（二）饲料贮藏室

饲料贮藏室包括干饲料仓库和冷冻库。干饲料室要求阴凉、干燥、通风，无鼠虫危害。冷冻库主要用来贮藏新鲜动物性饲料，库温控制在－15℃以下。小型场或专业户，可在背风阴凉处修建简易冷藏室或购置低温冰柜。

（三）毛皮加工室

毛皮加工室用于剥取貂皮并进行初步加工。加工室内设有剥皮台、刮油机、洗皮转鼓和转笼等。毛皮烘干应置于专门的烘干室内，室内温度控制在20～25℃。毛皮加工室旁还应建毛皮验质室。室内设验质案板，案板表面刷成浅蓝色，案板上部距板案面70厘米高处，安装4只40瓦的日光灯管，门和窗户备有门帘和窗帘，供检验皮张时遮挡自然光线用。

（四）兽医室和综合化验室

兽医室负责貂场的卫生防疫和疫病诊断治疗；综合化验室负责饲料的质量鉴定、毒物分析，并结合生产开展有关科研活动。北方地区还修建菜窖，贮藏蔬菜。在貂场大门及各区域入口处，应设相关的消毒设施，如车辆消毒池、人的脚踏消毒槽或喷雾消毒室、更衣换鞋间等。貂棚四周修建围墙，墙高1.7～1.9米。

（五）其他

现代化大型貂场喂食主要采用打食机进行饲喂，可以节约人工成本。大型貂场饮水采用自动饮水系统。此外，还需要串貂箱、自动捕貂笼、捕貂网、捉貂手套、水盒和食盒等。

第三节　国内外先进饲养模式对比与借鉴

一、发展史、饲养品种及数量

丹麦的水貂饲养业始于20世纪30年代初，已有80多年的发展历史，是一个名副其实的养貂大国和养貂强国，多年来饲养总量基本稳定不变。饲养的主要品种有：深咖啡、浅咖啡、银蓝、蓝宝石、红眼白、珍珠、黑十字等。种群质量处于国际先进水平，其中有些品种处于国际领先水平，是全世界最大的貂皮出口国。

美国的水貂饲养业始于19世纪末期，已有100多年的发展历史，是一个名副其实的养貂先进国家。近几年饲养总量呈逐年下降趋势。饲养的主要品种有世界著名的短毛黑貂、深咖啡、浅咖啡、铁灰、蓝宝石、红眼白貂、野生型水貂等。美国传奇短毛黑色水貂全世界闻名。

中国的水貂饲养业始于1956年，是一个名副其实的养貂发展中国家，近几年饲养数量迅速增长。饲养的主要品种有标准貂、美国短毛漆黑水貂、深咖啡、浅咖啡和红眼白貂。种群参差不齐，生产水平较低。我国现在已是水貂养殖大国、消费大国、加工大国、出口大国，但还不是养殖强国，我国水貂养殖相对于丹麦和美国无论从生产水平还是种群质量上都存在很大差距。

二、饲养管理情况

丹麦和美国的饲养管理模式基本相仿，既在毛皮动物养殖协会的组织领导下的家庭农场式管理模式。各个农场所用的种貂由协会指定的种貂场提供，饲料由专门的饲料加工厂统一配制加工，各饲养时期饲料配方和每日饲料样本随时可以监测，能够做到有据可查。各饲养场的棚舍笼箱、饲养设备、取皮设备、工具用品等由专门的饲养设备加工厂制作，规格一致，全国通用。棚舍有全封闭式和半封闭式两种，全部单层饲养，机械化喂食，自动化饮水，半机械化取皮，再加上现代化的微机管理系统，保证了各项管理工作的科学化和规范化。一般饲养1万只水貂的貂场只有1~2人，饲养10万只水貂的貂场只有10~15人从事日常管理工作，配种期和取皮期雇用部分临时工。准备配种期到产仔期，每个笼箱内装1只种貂，育成期和换毛期每个笼箱内装3～4只仔貂。夏季每天投料1次，冬季2～3天投喂1次，水貂自由采食。箱内一年四季均有垫草（丹麦用麦秸，美国用刨花）。粪便定期清理。日常管理比较粗放，但关键时期的管理比较细致。各项管理工作都能根据水貂的生物学习性，顺其自然进行，为水貂的生存和繁殖创造合适的环境条件。

丹麦和美国水貂饲料构成基本相仿，主要由海杂鱼、鱼碎料、鸡碎料、火鸡粉、血、猪油、玉米粉、小麦粉、麦芽、酱油、醋、复合维生素、微量元素和水构成，特别注意三大营养物质间的比例调整，一般繁殖期蛋白质含量相对较高，育成期和冬毛生长期脂肪的含量较高。

丹麦和美国种貂的公母比例为1：5，每年的3月3日配种，采用周期复配的配种方式，既初配后间隔9天复配一次，一般每人负责1 500只母貂的配种任务。产仔期不搞人为的仔兽护理和代养工作，完全靠母貂的自身本能护理仔貂。由于种兽、饲料、技术、管理、经营模式的统一一致，致使水貂的生产水平、产品质量都在较高的水平上相对稳定。

中国的水貂饲养管理模式与丹麦和美国比较，存在很大差距。经营方式分为国有、集体和个体。种兽质量有好有坏，营养标准有高有低，饲养设施千差万别，管理水平参差不齐。到目前为止，全国还没有一个统一的行业标准和管理规程。饲料由各场自主采购，随意配制加工、饲喂不管是否达到营养标准，满足营养需要。饲养设施也由各场自主加工制作，不管是否符合水貂的生理特点。饲养管理、繁殖育种、疾病防治、产品加工都停留在比较原始落后，传统粗放，不十分科学的状态下。水貂养殖按人均计算仍停留在100只左右，劳动生产率相对较低。

我国水貂的饲料构成主要由海杂鱼、畜禽下脚料、谷物、蔬菜、维生素和微量元素构成，繁殖期补充奶蛋等精补饲料，其中的动物性饲料部分从质量到营养相对丹麦、美国都存在一定差距，在饲料配方、加工调制、饲喂方式等方面差距更大，难以保证水貂各期的营养需要，导致生产水平的不稳定性经常发生。

目前，我国种貂公母比例一般为1∶4，每年的配种时间各地差异很大，最早的2月中旬就开始配种，最晚是3月5日。配种方式各不一样，在孕期管理和产仔保活等方面，有些场家由于太过于精心，违背水貂自然生活习性。

在水貂取皮及取皮加工方面，我们存在的问题更为突出，必须引起大家的密切关注。一方面，关于取皮时间问题，目前国内繁殖淘汰的老母貂和部分不做种用的小公貂、小母貂基本都埋植褪黑激素，促进毛皮提前成熟，目的是节省饲料费，提前回笼资金。另一方面，在水貂取皮加工方面，从处死到剥皮、刮油、洗皮、上楦、烘干、验质、保管等各个环节上，各个饲养场由于条件、设备、加工技术上的差异，均存在许多不科学的做法，产品质量得不到保证，致使辛苦劳作一年生产出的一张水貂皮体现不出其应有的价值，结果是丰产不丰收。

三、产品贸易情况

丹麦的水貂皮贸易由哥本哈根裘皮拍卖中心统一组织公

开竞拍，美国的水貂皮交易由西雅图裘皮拍卖行或加拿大多伦多裘皮拍卖行统一组织公开竞拍，这种交易方式的好处有以下几点。

可以使养殖户的产品卖到最理想的价格，真正体现了公平、公正、公开的交易原则，有利于养殖户根据市场需求及时调整饲养规模和品种结构，有利于降低交易成本和规避市场风险，最大限度保护养殖户利益，有利于实现专业化，标准化、规模化的饲养，有利于渠道通畅，及时掌握市场信息，有利于提高本国水貂皮的市场竞争力。

中国水貂皮交易方式仍然处于一种原始落后的自由交易方式，市场秩序比较混乱，没有统一的质量标准，没有规范的价格体系，没有公平交易的市场环境，市场好时，一哄而抢，市场不好时，无人问津，带有很大的盲目性和风险性。如果说丹麦、美国的水貂皮交易在超级市场和百货大楼中进行，那么，中国水貂皮交易只能在小卖店和自由市场中进行。非常不利于行业稳定、持续、健康的发展。这种交易方式应尽早被公开拍卖的方式所取代。

四、行业管理情况

丹麦、美国的水貂饲养业，由各自国家毛皮动物养殖协会统一领导，行业协会的管理工作非常规范有序。协会下设种貂繁育场，饲料加工厂、饲养设备加工厂、裘皮拍卖行、研发中心，并与大专院校、科研单位有机结合，进行育种、营养、设备、疾病防治、市场开发等诸多方面的研发工作。

保证产业健康发展，长久不衰。

中国的水貂养殖业尽管有些省市已经有了自己的行业组织，但就全国而言，还没有一个比较有权威的行业组织，来统领全国的水貂饲养业的发展，行业的管理仍处于一种没有头绪的状态，管理不科学、不规范，如同一盘散沙，没有凝聚力，没有战斗力，行业的发展前途未卜。

第四节　我国水貂集约化养殖生产模式推广

在现代化农业发展的形势下，我国水貂饲养业必须采取集约化、产业化的模式进行发展，才能生产高质量貂皮，预防重大疾病，提高生产效率，降低生产成本，增加企业的抗风险能力。集约化饲养模式是我国水貂养殖业发展的必然趋势。每个主要养殖区在远离人居环境、形成相对集中的饲养区，便于信息交流，统一管理，增加凝聚力，统一销售，提高整体经济效益。

第一，饲养良种是关键。通过引进和培育优良品种，调整种群结构，提高种群质量。统一种兽标准和产品质量认证体系，使饲养规模和种群质量，生产水平和产品质量、单位效益和规模效益协调一致。

第二，建立全国性的饲养设备加工厂。通过引进先进的饲养设备，饲养技术，改造传统饲养模式，提高行业的现代化水平。

第三，组建全国性、地区性的裘皮拍卖行。借鉴国外裘皮贸易方式，规范产品的贸易形式，减少皮张买卖过程的中间环节，完善市场体系，提高经济效益。

第四，发挥行业协会的作用。政府、协会、企业和科研单位必须上下联动、密切配合、协同攻关，促进毛皮动物产业的发展。

第三章　水貂饲养管理关键技术

第一节　水貂生物学时期划分

水貂具有季节性繁殖与季节性换毛的生理特点，每年繁殖1次，每年春、秋季换毛两次，根据水貂的生理特性划分不同生理时期，了解不同生理时期的营养需要及饲养管理要点，便于针对不同生理时期的生产需要做好饲养管理，更好地发挥水貂的生产潜能。

水貂生物学时期划分：①准备配种期（9月下旬至次年2月）；②配种期（2月至3月中、下旬）；③妊娠期（3月下旬至5月中、下旬）；④产仔泌乳期（4月中、下旬至6月中、下旬）；⑤公貂恢复期（3月下旬至9月中旬），母貂恢复期（7月至9月中旬）；⑥育成期（产仔期至9月中旬）；冬毛生长期（9月下旬至12月上旬）。

第二节　准备配种期的饲养管理

一、种貂准备配种期的饲养要求

每年秋分（9月21—23日）以后，随着日照的逐渐缩短和气温下降，水貂的生殖器官和与繁殖有关的内分泌活动逐渐增强，生殖腺从静止状态转入生长发育状态。一开始生殖器官发育较慢，冬至（12 月 21—23 日）以后，日照时间逐渐增加，公兽内分泌活动增强，性器官发育速度加快，到次年 1 月底或 2 月初，公兽睾丸就可以产生成熟的精子。公兽的体重不断增加，到 12 月为最高，次年 1 月体重开始下降，配种期体重下降显著。

（一）供应充足的营养

从 9 月至 12 月期间，一定要供应种公貂充足的营养，保证蛋白质和脂肪的供应，同时，要添加适量的蛋氨酸和半胱氨酸，既满足种公貂性器官的生长发育，又能满足毛皮的生长需要。可每日饲喂 2 次，早喂日粮总量的 40%，晚上饲喂日粮总量的 60%，也可日喂 1 次。另外，1 月中旬以后，种公貂饲料中应注意补充维生素 A、维生素 D、维生素 E 和矿物质，保证明显促进种公貂的发情。

（二）调整种貂体况

种貂的体况直接影响繁殖力的高低，过肥或过瘦都会严重地影响繁殖。所以，在配种期应通过调整采食量和增加运动的方式来调整种貂体况，保证种公貂体况在中等偏上为宜。鉴别种公貂体况的 2 种方法：

1. 目测鉴定

逗引水貂站立（后肢必须自然叉开直立）观察，腹部明显下垂，下腹部堆积大量脂肪，腿显得很短，行动笨拙，反应迟钝的判为过肥体况；身躯匀称，肌肉丰满，腹部不下坠，行动灵活的判为中等体况；腹股沟凹陷，四肢瘦长，脊背隆起的判为过瘦体况。

2. 体重指数准确鉴别

体重指数=体重（克）/体长（厘米），体重称量以饲喂前1个小时为准，体长为鼻尖到尾根的直线长度，一般体重指数为24~26克/厘米的种貂，适宜配种且繁殖力较高。

二、种貂准备配种期的管理要求

（一）做好保暖防寒工作

为了保证种貂安全越冬和良好的繁殖性能，必须做好防寒保暖工作，主要指窝箱和笼舍的检修，防止漏风，同时勤换垫草，经常清除窝箱中的粪、尿，防止垫草污湿，保证窝箱内充足干燥的垫草环境，降低水貂感冒或患肺炎的几率。

（二）保证充足的饮水

每天至少要饮水一次，添加温水或投给洁净的雪和冰屑，保证种貂饮用足够的饮水。

（三）异性刺激

为了增强种公貂的性欲，提高公貂的利用率，可在2月下旬对其进行异性刺激。具体方法：手抓母貂在公貂笼上来回逗引，每次10分钟左右，或把母貂装入串笼置于公貂笼上。

（四）做好详细的配种计划

防止近亲交配，合理利用种貂，发挥种貂的优良性能，提高配种效率及配种质量。

（五）准备好配种前的笼舍设施及工具

如笼舍、串笼、捕捉套、显微镜、玻璃棒等。

第三节　种貂配种期的饲养管理

水貂配种期是整个生物学周期中最关键的时期之一，决定着受孕率及受孕质量，直接影响着养殖效益。水貂配种期一般从 2 月下旬至 3 月下旬，由于此时期种貂的性欲比较旺盛并表现出明显的性行为，虽然种貂的体能消耗比较大，但水貂的食欲却有所减退，为了保证高效的配种效率及配种质量，一定要做好配种期的饲养管理工作。

一、种貂配种期的饲养要求

保证营养丰富的饲粮

该时期公貂的体能消耗较大，而且承担着繁重的配种任务，为了保证精液的品质及配种的持久力，一定要调制营养全面、适口性强且易消化的饲粮来饲喂公貂，并且要在中午增加补饲，尽量补充新鲜的鱼类、肉类、奶及蛋类、维生素和矿物质等，补饲量一般是 100 ~ 150 克/只，具体的补饲种类及数量见下表。

表　公貂补饲种类及数量推荐

饲料	补饲数量	饲料	补饲数量	饲料	补饲数量
鱼或肉类	20 ~ 25g	肝脏	8 ~ 10g	维生素 A	500 单位
鸡蛋	15 ~ 20g	畜禽头类	10 ~ 15g	维生素 E	2.5 毫克

（续表）

饲料	补饲数量	饲料	补饲数量	饲料	补饲数量
乳品	20～30g	酵母	1～2g	维生素 B_1	1毫克
合计			100～150g		

二、种貂配种期的管理要求

（一）合理安排配种进度

根据母貂实际发情情况，做好详细的配种计划，选择合适的配种方式，提高母貂的受配率，在母貂整个发情周期里要保证至少交配两次，而且应使最后一次交配结束落在配种旺期。公貂利用效率的高低直接影响配种进度和配种质量，初配阶段每只公貂每天只配1次，连续配3～4次后要休息1天；复配阶段1天交配2次，2次间要间隔4～5小时，连续2天交配4次的，中间要休息1天。

（二）添加垫草

配种期间的天气较寒冷，要随时保证有充足的垫草，做好防寒保温，特别是天气温差比较大时更应注意，防止水貂发生感冒等疾病而影响配种。

（三）保证充足的饮水

在配种期要满足水貂对饮水的需要，配种期公貂消耗体能很大，配种结束后容易造成口渴，要给予充足的饮水或雪及碎冰块。

第四节 妊娠期的饲养管理

妊娠期母貂的营养需求和饲养管理十分关键，直接关系到胎儿的生长发育和健康状况，如果营养水平和饲养管理不当，较容易造成胚胎被吸收、死胎、烂胎、流产及分娩后的弱胎等情况的发生，给生产造成较大的经济损失。

一、妊娠期的饲养要求

（一）保证饲料品质

该时期一定要保证饲料的新鲜，严禁饲喂贮存时间较长或腐败变质的饲料，严禁饲喂死因不明的畜禽肉类、含有激素类或经激素处理过的畜禽肉类及其副产品，包括动物的胎盘、睾丸、卵巢、气管等；对含有致病菌较多的鸡肠子等饲料也尽量少饲喂。总之，为了保证妊娠期饲料的安全，除了很新鲜的鱼类、畜禽肉类之外，其他不能确定质量的饲料一定要高温煮熟后再饲喂给母貂，切记不要饲喂没有把握的饲料，即使数量很少，也不要尝试使用。

（二）营养全面、均衡

此时期尽量保证饲料种类的多样化、科学合理搭配，营养全面、均衡，但不要过剩，以免导致其他营养物质代谢吸收。妊娠母貂一定要保证蛋白、必需氨基酸、维生素及矿物质的需要，尽量采用新鲜的鱼类和肉类为主的日粮，同时，添加些畜禽副产品、谷物类饲料、维生素及矿物质元素类饲料。

（三）增加饲料适口性

选择饲料品质新鲜、营养价值高、容易消化的种类来配制日粮，如奶、蛋等，饲料加工配制要精细，增强饲料的适口性，保证母貂营养成分的吸收和有效利用，以保证胎儿生长发育需要。

（四）饲喂量适当

要根据母貂的体况，合理调整采食量，过多饲喂易造成妊娠母貂过胖，体况过肥的母貂易出现难产、产后缺乳和胎儿发育不均等现象；饲喂量不足，会导致母貂营养不良，胎儿停止发育，母貂产弱仔、死胎等现象，所以，要根据母貂的体况适当调整饲喂量，既保证母貂的营养需要，又能保证适当的健康体况。

二、妊娠期管理要求

（一）保证安静的环境

处在妊娠期的母貂，不喜欢运动，此期一定不要在厂区附近制造巨大声响对母貂造成生理应激或惊吓，导致母貂流产，同时，饲喂母貂时也要尽量减少强烈的噪声刺激，此外，严禁厂区外工作人员来场参观、照相，避免对妊娠母貂造成惊扰。

（二）细心观察

该时期要细心观察母貂的采食、体况、饮水、排便和精神是否正常，正常的妊娠母貂采食旺盛、粪便呈条状，喜仰卧晒太阳，如果发现母貂食欲不振，粪便异常，要马上查找原因，及时采取有效措施，妊娠母貂即使出现轻微的症状也不能掉以轻心，以免延误带来巨大经济损失。

（三）做好产仔前准备工作

妊娠后期要做好窝箱、笼舍、食具的消毒工作，一般采用“火焰消毒法”，或用2%热碱水洗刷消毒产箱，要在太阳光下充足晾晒垫草，让垫草充分干燥、杀菌，笼箱和垫草的消毒是为了保证母貂产仔及产后仔貂的健康，防止因细菌感染导致母貂或仔貂的死亡。窝箱里保温垫草对提高出生仔貂的成活率非常重要，有些垫草采用稻草秆，如果过长，要切碎后再垫到窝箱中，窝箱的四个角要垫实，垫草松软厚实，保证仔貂出生后温暖的窝箱温度，出生后 10 天内仔貂不会调节体温，完全靠母貂的体温和窝箱内的温度来维持，北方的产仔期早晚昼夜温差大，所以，窝箱内的垫草工作至关重要。

第五节 产仔泌乳期的饲养管理

产仔泌乳期一般集中在 4 月末至 6 月中下旬，该期最重要的工作任务就是提高仔貂成活率，保证仔貂生长发育，仔貂生长发育的好坏，主要取决于母貂的哺乳能力、护理仔貂的抚养能力等。产仔期的饲粮组成及营养水平是影响母貂泌乳的主要因素，要使母貂能正常泌乳，提高泌乳量和延长泌乳时间，就要给母貂提供营养均衡的日粮，同时，添加易分泌乳汁的饲料。该时期的管理工作也非常重要，要保证母貂的正常顺利生产，仔貂的健康发育。

一、产仔泌乳期的饲养要求

（一）营养全价、均衡

为了保证产仔母貂和仔貂的营养需要，日粮的配合比例应高出妊娠后期的水平，稍微提高动物性饲料比例，同时，适当增加脂肪、乳、蛋等催乳饲料的补给，还要保证微量元素和维生素（A、D、E、K、C、B族）的充足供给，满足仔貂生长发育需要及母貂产后体能消耗的补充。

（二）充足饲喂量

母貂产仔后要完成泌乳的艰巨任务，每窝产仔貂的数量不同，仔貂20日龄后即可采食，所以，采食量会存在差异，该期不用控制采食量，饲料要精细加工调制，饲喂量要充足，一般将正常喂给母貂的饲料调制得稠一些，便于母貂叼入小室喂给仔貂，促进仔貂采食，根据母貂及仔貂的实际需要来饲喂日粮，保证母貂和仔貂的需要，一般整个哺乳期间每只母貂每天平均供应饲料量约达500克。

二、产仔泌乳期的管理要求

（一）提高仔貂成活率

仔貂的成活率直接影响养殖效益，做好仔貂保活工作是水貂产仔泌乳期的重要生产环节，要做到细心、认真，昼夜值班，发现有以下几种情况要采取保活措施：平均窝产仔貂数过多（超过8个），母貂乳汁不足导致仔貂吃不饱，肚子干瘪，由于饥饿造成的叫声不断；母貂护理能力差，有些母貂是初产貂，可能由于自身的遗传原因或缺少护理经验，造成仔貂死亡或饿死等情况。养殖生产中，一般多采用代养，选择与其产仔日期接近，体重体况相近，母貂乳汁充足，仔貂数量不多，护仔能力强的母貂进行代养。代养方法：将需要代养的仔貂用被代养窝箱中的垫草在身上搽拭以消除身上异味，让被代养母貂觉察出其非是自己的仔貂导致代养失败，因此，为了保证代养成功要避开母貂，同时消除身上味道的差异。

（二）保持养殖环境安静，昼夜轮流值班

养殖厂区处于产仔期，一定要保证周围环境的安静，严防噪声刺激，以免母貂惊吓，造成母貂弃仔或食仔的不良后果，同时，要合理安排规律时间进行巡察，及时发现母貂产仔，在小室内标记产仔时间，对落地、受惊、饥饿的仔貂和难产母貂及时救护。母貂产仔过程中及产后，饮水量增加，值班人员应注意产仔母貂饮水盒中的水量，遇有不足时，应及时补加。

（三）定期清理笼箱内卫生，补充清洁垫草

刚出生仔貂只以母乳为食期间，仔貂排泄的粪便均被母貂舔食，故小室内一般较清洁。但从20日龄后，仔貂开始采食饲料后，母貂就不再为其舔食粪便了，仔貂要么在窝室内排便，要么在笼网内排便。加上母貂还有把饲料叼入到小室内饲喂仔貂的习惯，窝室内很容易被污染，仔貂很容易发生

各种疾病。因此，20 日龄后的仔貂必须注意小室内的卫生管理，及时更换垫草，补充干净松软垫草，同时，要加强食具的消毒卫生，预防各种疾病的发生。

● （四）适时断乳分窝 ●

母貂哺乳期消耗体能较大，随着仔貂日龄的增长，母貂泌乳量逐渐减少，营养价值也逐渐降低，仔貂逐渐减少对母乳的依赖，大部分靠采食饲料为主，但是，仔貂还会习惯性追随母貂吸乳，长时间的吸乳会造成对乳头的损伤而导致母貂乳腺炎的发生。此时，多数哺乳母貂身体已消瘦，严重会造成营养不良，甚至会被其仔貂激怒而造成弱肉强食，造成子食母的悲惨情况发生。所以，为了保证仔貂的正常采食和母貂体况的恢复，在 45 日龄左右要及时断乳分窝，来促进仔貂的生长发育。

第六节　仔貂育成期的饲养管理

仔貂从 45 日龄断奶分窝后至取皮这段时期称之为幼貂育成期。幼貂育成期一般分为育成前期和育成后期。育成前期是指 6—9 月幼貂生长发育迅速，骨骼和脏器器官生长发育最快的时期，这段时期的饲养管理直接影响着仔貂体型的大小和皮张的幅度。育成后期是指 10—12 月仔貂体重虽然继续增长，但增长幅度较慢，营养的供给主要用于冬季被毛的迅速生长发育，所以又称为冬毛生长期。

一、幼貂育成期的营养需要特点

幼貂在该时期身体生长发育较快，新陈代谢相当旺盛，营养需要量较高，尤其对蛋白质、矿物质和维生素的需要极为迫切。断奶分窝后的头两周，可继续饲喂产仔哺乳期的饲料，但随日龄的增长要不断调整饲料中蛋白质饲料的供给数量。多年的试验研究表明，不同日龄幼貂的蛋白质需要量不同：当幼貂达到 50 ~ 65 日龄，每天蛋白质需要量为 30 ~ 33 克；66 ~ 80 日龄，每天蛋白质需要量为 28 ~ 35 克；81 ~ 95 日龄，每天蛋白质需要量为 30 ~ 32 克；96 ~ 110 日龄，每天蛋白质需要量为 29 ~ 40 克。因为水貂是肉食性动物，日粮中动物性饲料不得少于 60%，并要保证多种饲料搭配使用。同时，应注意供给适量的矿物质元素和维生素，因为这些营养元素是生长发育必需的，缺少或过量都会造成生长发育受阻。应杜绝能量与蛋白质比例趋高的现象，否则，能量偏高，会影响幼貂的采食量，最终造成蛋白质摄入不足，影响幼貂的生长发育。脂肪和碳水化合物等能量饲料也要分阶段按适宜的比例进行供给。

二、育成前期的管理要求

（一）及时断乳、分窝和单笼饲养

仔貂断奶分窝时间在 40 ~ 45 日龄，仔貂生长发育正常时，同窝仔貂体型相近者，应一次全部与母貂分离，遇有同窝仔貂中有发育落后的，可将健壮的幼貂先分离出来，弱小的仔貂留给母貂再带养一段时间，但最迟应在 60 日龄前分出。

（二）注意饲料加工及饲料用具卫生，预防疾病发生

每次用过饲料加工用具和食具之后，都要及时洗净和定期消毒，每天要打扫棚舍和小室，清除粪便和剩食，此期正值夏季，预防疾病特别重要，要把好饲料质量关，保证新鲜、清洁，绝不喂酸败变质的饲料，每天定时打扫棚舍和小室，及时清除粪便和剩食。

（三）适时接种疫苗

仔貂从断乳分窝开始，一定要在断乳分窝的第 15 ~ 21 天及时接种犬瘟热、病毒性肠炎、脑炎、出血性肺炎等疫苗，预防这几种重大恶性传染病的发生。疫苗的接种时间不宜过早，因仔貂哺乳期内从母乳中获得了母源抗体，能中和疫苗中的抗原而降低疫苗的免疫作用。但也不宜接种得过晚，因仔貂断乳分窝 3 周后体内的母源抗体就会消失，此时如不及时接种疫苗，就会产生免疫的空档，容易感染疾病而发生疫情。

（四）防暑降温，减少高温对幼貂生长发育的抑制

夏季高温，阳光直射幼貂头部会使其头部温度过高而产生日射病，也会因气温过高导致幼貂体热交换受阻，从而导致热射病和日射病，这两种病统称为中暑，如何防止中暑的发生，减少水貂死亡，可以采取以下措施来预防。

在貂场周围多植树，绿化周围环境。可种植一些向日葵

和蔓生植物，防止阳光直晒笼舍。

饲养人员一定要勤到貂棚观察貂群。及时供给充足的清洁饮水，饮水盒要勤换水。最好在饮水中加入少量食盐，增加水貂的饮水量和提高食欲。炎热的中午和下午是水貂最易发生中暑的时候，此时要往地面和笼舍上不断喷洒凉水降温，也可在运动场上放一个水盆，盛满凉水让水貂自由沐浴降温。有条件的貂场，可安装电风扇吹风降温。只要提前做好防暑降温工作，就能有效地避免水貂中暑。

高温除了易使水貂中暑外，还会抑制幼貂的食欲，减少采食量而影响生长发育。因此，应把早、晚喂食的时间尽量拉长一些，尽量选择在凉爽的早晨和傍晚饲喂，早上喂完 1 小时后，要及时将剩食清理出来以防止饲料变质，同时，幼貂断乳后，要注意预防胃肠炎和黄脂肪病的发生。

第七节　仔貂冬毛生长期的饲养管理

皮貂冬毛生长期主要在 10—12 月。9 月后幼貂骨骼生长已经结束，主要是肌肉的生长和脂肪的沉积，换夏毛，长冬毛，生长器官已逐渐开始发育，一般在 10 月前应对貂群进行选种，以便分群饲养管理。同时，随着秋分以后日照时间变短，而转为冬毛生长和成熟的短日照效应。此时，水貂的新陈代谢水平仍较高，蛋白质的代谢仍呈正平衡状态。

水貂的营养需要仍以蛋白质为主，但蛋白含量较育成前期可适当降低 1% ~2%，此期可不用肉、肝、蛋、奶等成本较高的饲料，而选用海杂鱼、各种畜禽下脚料、兔副产品等多种饲料搭配使用，但此期要注意供应含硫氨基酸（胱氨酸、蛋氨酸、半胱氨酸等）饲料的给量，如羽毛粉、鲜血等，有利于毛绒和毛皮的生长。适当增加谷物性饲料，但不应超过日粮的30%，禁止大量使用头、骨架类等含矿物质较多的饲料，否则，易造成针毛勾曲，降低毛皮品质，骨架类饲料不能超过动物性饲料的30%，同时，要保证脂肪类饲料的供给，如果饲料中的脂肪量不足，可以通过添加植物油或动物油的方式来补充。增加脂肪不仅能促进皮貂的育肥，增加皮张的延伸率和尺码，而且还会增加毛绒光泽和柔美度，提高毛皮品质。

种貂和皮貂分群进行管理，将种貂放在阳面，保证充足的光照，有利于性器官的发育。皮貂放在阴面，避免阳光直射使绒毛变褐色。在笼箱内增加垫草，搞好笼舍卫生，定时清理窝室内和笼舍内的粪便，避免饲料和粪便粘连毛皮造成毛绒污染缠结。垫草不但有保温作用，而且具有梳理毛绒的功能。严把饲料关，保持清洁充足的饮水，笼舍内定期消毒。

第四章　水貂营养需求与饲料配制

第一节　水貂营养需求特点

水貂属于哺乳纲，食肉目，鼬科，鼬属的动物，形态与黄鼬相似，门齿较小，犬齿非常发达，臼齿的咀嚼面不发达，因此，水貂的牙齿不适合磨碎植物的茎叶和纤维素。水貂的消化道较短，小肠仅约为其体长的 4 倍，胃容积约为 75 毫升，采食咀嚼少，食物通过肠道的速度快，料在水貂的胃肠中停留时间比较短，3 ~4 小时饲料能完全消化完毕。

水貂主要是依靠肠道分泌的酶进行消化，其消化系统相对成熟较晚，仔貂体内的蛋白酶、胰蛋白酶、胰凝乳蛋白酶的活性和数量从出生到 12 周龄间逐渐增加，所以，早期仔貂对营养物质的消化率较低。据报道，饲喂配合饲料的水貂，水解酶活性最大的改变是在空肠，营养物质主要在这里发生水解和吸收，消化酶活性的大小与饲料成分的品质相适应。

水貂属于肉食动物，其饲料以动物性饲料为主，包括鱼类饲料、肉类及其副产品、干动物性饲料、乳蛋类饲料、部分谷物性饲料及蔬菜等。水貂对动物性饲料消化能力强，水貂日粮中动物性饲料一般占 60% 以上；水貂消化腺分泌的淀粉酶较少，对植物性饲料消化能力弱，因此，日粮中植物性饲料不得超过15%；另外，由于水貂对纤维素的消化能力极低，选用谷物饲料时，要经过熟制或膨化；水貂体内不能合成维生素，所需的维生素要从饲料中摄取。繁殖期饲料中所含维生素不能满足水貂营养需要，应该额外补充。

一、对蛋白的需要特点

水貂对蛋白质的需要不仅是为了维持需要，而且还要满足其生长发育和毛皮生长的需要。蛋白质不仅是一切生物生命活动的物质基础，而且是有机体的重要组成部分。水貂在生长发育、生产和维持状态下，需要大量的动物性蛋白质来满足其对蛋白质的需要，占日粮蛋白质的80% ~90%，其余为植物性蛋白质。蛋白质在代谢过程中也释放能量，是体内热能来源之一。

1 克蛋白质在体内氧化时可产生 17. 15 千焦的热量。众多的研究表明，蛋白质的营养作用直接影响水貂的生长、毛皮生产、繁殖等性能发挥。低蛋白质日粮可能阻止毛囊的再生，而毛囊的再生直接影响冬季毛皮绒毛密度。10 月份前优质蛋白对水貂的增重显著高于劣质蛋白；冬毛生长期优质蛋白对水貂皮张长度和毛皮质量显著高于劣质蛋白。并且，在动物整个生长阶段，动物食用低蛋白日粮较高蛋白日粮增重缓慢。

二、对能量的需要特点

由于水貂消化道及消化酶的特点，决定了水貂需要高能量的日粮来满足生长、繁殖的需要。鉴于水貂胃肠道的容量及消化能力所限，水貂自身不可能通过采食足够量的低能日粮来满足能量的需求，而是需要日粮具有良好的适口性、较高的消化率，其采食较少的高能日粮。

三、对碳水化合物的需要特点

由于水貂消化道内淀粉酶的活性低，所以，对饲料中碳水化合物的消化能力有限。碳水化合物的供给量过高时，会发生蛋白质不足，引起幼貂生长发育受阻，毛皮质量下降。水貂对纤维素的消化能力很差。在日粮干物质中，含有1.0%的纤维素时，对胃肠道的蠕动、食物的消化和幼貂的生长有良好的促进作用，但增加到3.0%时，就会引起消化不良。饲喂植物性饲料时，需要经过一定的处理才能提高饲料的利用率。

四、对精氨酸和含硫氨基酸的需求特点

水貂对蛋白质的需求实际上是对饲料中氨基酸的需求，而氨基酸平衡和氨基酸的有效性是评价饲料质量的两个最主要的指标，水貂蛋白质的需要被假定在很大程度上依赖于含硫氨基酸的含量，假设还认为，在水貂生长时期，这种需要会增加，因为蛋白质需要增加的部分要用于毛发的合成。

第二节　水貂对营养物质需要标准

水貂是肉食性的珍贵毛皮动物，目前主要为人工养殖，水貂新陈代谢、生长发育、繁殖生产等必需的营养物质，如蛋白质、脂肪、碳水化合物、无机盐、维生素和水分等都需要人工

饲喂的饲料中摄取，为了满足水貂不同生物学时期的营养需要，必须研究制定水貂不同生物学时期的营养标准，科学地配制日粮，促进水貂养殖业的健康发展（表4－1至表4－4）。

表4－1　成年貂的经验饲养标准（每只每日量）

性别	饲养时期	月份	代谢能（KJ）	可消化营养物质（g）		
				蛋白质	脂肪	碳水化合物
公貂	准备配种期	12～2	1 004.2～1 171.5	23～32	5～7	12～15
	配种期	3	962.3～1 087.8	23～32	5～7	12～15
	维持期	4～8	1 046～1 171.5	22～28	3～5	16～22
	冬毛生长期	9～11	1 046～1 255.2	25～40	7～9	14～20
母貂	准备配种期	12～2	1 004.2～1 171.5	20～28	5～7	11～16
	配种期	3	962.3～1 087.8	20～26	3～5	10～14
	妊娠期	4	1 046～1 255.2	27～36	6～8	9～13
	哺乳期	5～6	962.3	25～30	6～8	9～13
	维持期	7～8	1 046	22～28	3～5	12～18
	冬毛生长期	9～11	1 046～1 255.2	27～35	7～9	14～20

表4－2　水貂以热量为基础的日粮标准（每只每日量）

生物学时期	占代谢能的百分比（%）			
	鱼、肉类	乳、蛋类	谷物	果蔬
准备配种期	65～70	5	25～30	4～5
配种期	70～75	5	15～20	2～4
妊娠期	60～65	10～15	15～20	2～4
哺乳期	60～65	10～15	15～20	3～5
育成前期	65～70	5	20～25	4～5
冬毛生长期	60～65	5(1)	25～30	4～5
恢复期	65～70		25～30	4～5

注：可用动物血代替乳蛋类。

表 4－3　水貂以重量为基础的日粮标准（每只每日量）

生物学时期	月份	饲喂量（克）	日粮组成（%）				
			鱼、肉类	乳、蛋类	谷物	果蔬	水或豆浆
准备配种期	12～2	250～300	55～60	5～10	10～15	8～10	10～15
配种期	3	220～250	60～65	5～10	10～12	8～10	10～15
妊娠期	4	260～330	55～60	5～10	10～12	10～12	5～10
产仔、哺乳期	5～6	350～1 000	50～55	10～15	10～12	10～12	5～10
育成前期	7～8	265～475	55～60	5	10～15	12～14	15～20
冬毛生长期	9～11	480～510	45～55	5	12～15	10～14	15～20
恢复期	4～8	300	50～60		12～15	12～14	15～20

注：鱼类按鲜饲料计算，干动物性饲料按浸泡或蒸煮加工后的量计算，谷物按熟制品计算；

维生素、抗生素和微量元素，因数量少，单独加入，不计算在内；

哺乳期的标准是基础母貂连同仔貂的量

表 4－4　水貂添加饲料（每只每日量）

生物学时期	添加饲料（克）								
	酵母	麦芽	骨粉	食盐	维生素 A（IU）	维生素 D（IU）	维生素 E（IU）	维生素 B_1（毫克）	维生素 B_2（毫克）
准备配种期	1.0～2.0	4.0	1.0	0.4	500～800	50～60	2～2.5	0.5～1.0	0.2～0.3
配种期	2.0	4.0	1.0	0.4	500～800	50～60	2～2.5	0.5～1.0	0.2～0.3
妊娠期	2.0	4.0	1.0	0.4	800～1 000	80～100	2～5	1.0～2.0	0.4～0.5
哺乳期	2.0	4.0	1.0	0.4	1 000～1 500	100～150	3～5	1.0～2.0	0.4～0.5
育成前期	1.0		1.0	0.4	300～400	30～40	2～5	0.5	0.5

（续表）

生物学时期	添加饲料（克）								
	酵母	麦芽	骨粉	食盐	维生素A（IU）	维生素D（IU）	维生素E（IU）	维生素B_1（毫克）	维生素B_2（毫克）
冬毛生长期	1.0		1.0	0.4	300～400	30～40	2～5	0.5	0.5
恢复期	1.0		1.0	0.4	300～400	30～40	2～5	0.5	0.5

第三节　水貂饲料选择、加工、贮存与配制

水貂饲料主要包括动物性饲料、植物性饲料、添加剂饲料及其他类饲料。

一、动物性饲料

动物性饲料主要包括鱼类饲料、肉类饲料、鱼及肉类副产品饲料、干动物性饲料、奶及蛋类饲料等。

（一）鱼类饲料

鱼类饲料是水貂动物性蛋白质的重要来源之一，资源广泛，价格低廉。鱼的种类较多，概括起来可分为海杂鱼类和淡水鱼类两种。这些鱼除了河豚有毒外，都可以做为水貂的动物性饲料。

新鲜的海杂鱼可以生喂，这样适口性强，蛋白质消化率高，有轻度变质的海杂鱼需蒸煮消毒后熟喂。少数海杂鱼和大多数淡水鱼含有硫胺毒酶，对维生素 B_1（硫胺素）有破坏作用，生喂后常引起维生素 B_1 缺乏，也应经过蒸煮后熟喂。

鱼类饲料中不饱和脂肪酸含量较高，储存不当时极易氧化酸败并产生过氧化物，分解出毒素，破坏饲料中的各种营养物质，饲喂后容易引起食物中毒，如出血性肠炎、脓肿病和维生素缺乏症等。如果饲喂给妊娠期的母貂，会引起母貂空怀、死胎、烂胎、流产，严重影响生产效益。因此，鱼类饲料应尽量在低温冷冻条件下贮存，并尽量缩短贮存时间，超过 6 个月贮存期时，在使用前一定要认真检验其品质，品质不好时一定要慎用。

水貂日粮中全部以鱼类为动物性饲料时，可占日粮重量的 70% ~75%，并且要多种鱼混合饲喂，同时，注意维生素 B_1 和维生素 E 的供给，才能保证良好的生产效果。如果鱼、肉及副产品搭配时，鱼类可占动物性饲料的 40% ~50%。鱼类饲料中不饱和脂肪酸含量较高，极易氧化酸败，鱼类的蛋白质也极易腐败。某些必需氨基酸的比例含量也与肉类有明显不同，所以，完全采用鱼类养貂效果不如鱼肉混合，特别是鱼类品种太单一时，效果更差。

（二）肉类饲类

肉类饲料是全价蛋白质饲料的重要来源。它含有与水貂机体相似数量和比例的必需氨基酸，同时，还含有脂肪、维生素和矿物质。肉类饲料种类多，适口性强，各种动物的肉，只要新鲜、无病、无毒均可被利用。

肉类饲料在日粮中可占动物性饲料的 15% ~20%，最多不超过动物性饲料的 50%。利用肉类饲料时，须经卫生检疫，无病害者可生喂，可利用的病畜禽肉或污染的肉需高温无害处理后方可食用，不可利用时应禁止食用。痘猪肉除需高温高压处理外，要尽量去掉部分脂肪。同时，增加维生素 E 的喂量，并搭配一定比例的低脂小杂鱼、兔头、兔骨架或鱼粉等。

肉类营养价值较高，但价格也较高，因此，要合理利用。在繁殖期和幼兽生长期，可以适当增加肉类饲料比例，以提高日粮中蛋白质的生物学价值。

（三）肉类副产品

肉类副产品包括畜禽的头、骨架、内脏和血液等，在生产实践中已被广泛应用。这些产品除肝脏、心脏、肾脏和血液外，蛋白质的消化率和生物学价值较低。因此，用这些副产品饲喂水貂数量要适当，并注意同其他饲料搭配。繁殖期注意不喂含激素的副产品。肉类副产品一般占动物性饲料的30%～40%。

（四）干动物性饲料

常用的干动物性饲料有鱼粉、干鱼、血粉和羽毛粉等。

鱼粉含蛋白质40%～60%、盐2.5%～4%，用新鲜优质鱼粉喂貂，幼兽生长期，在日粮中占动物性蛋白质的20%～25%，在非繁殖期，占动物性蛋白质的40%～45%。鱼粉含盐量高，使用前必须用清水彻底浸泡。浸泡期间换2～3次水。

干鱼：用干鱼养貂关键在于干鱼的质量。优质干鱼可占日粮动物性饲料的70%～75%，但在水貂繁殖期，必须搭配25%～30%的全价蛋白质饲料（新鲜肉、蛋、奶和猪肝等）。

幼貂育成期和冬毛生长期，必须要搭配新鲜的痘猪肉或添加植物油，以弥补干鱼脂肪的不足。

血粉含蛋白质 80% 以上，其中，含赖氨酸、蛋氨酸、精氨酸、胱氨酸较多，对幼貂生长和毛绒生长有良好的作用。质量好的血粉可以喂貂，但不易消化，所以，用量不易太高，一般占日粮动物饲料 20% ~25%。饲喂时，应逐渐增加喂量，并经过蒸煮处理后与其他饲料搭配。

羽毛粉蛋白质中含有丰富的胱氨酸，对水貂毛皮生长具有较好的促进作用。春秋两季换毛前 1 个月，日粮中加喂 2 ~ 3 克羽毛粉，连续 3 个月，有缓解自咬症和食毛症之效。羽毛粉应与谷物饲料混合蒸熟饲喂。

（五）乳类饲类

乳类饲类是水貂全价蛋白质的来源之一，一般只在繁殖期和幼貂生长期利用，对母貂泌乳及幼貂生长发育有良好的促进作用。妊娠期一般每天可喂鲜奶 30 ~40 克，最多不能超过 50 ~60 克，其他时期可给 15 ~20 克。使用鲜乳时，一定要加热处理，一般在 70 ~80℃条件下加热 15 分钟即可。无鲜乳可用全脂奶粉代替。

（六）蛋类饲料

各种家禽的蛋及鸟蛋，都是生物学价值较高的饲料，在繁殖期利用效果较好。蛋类饲料应熟喂，否则，由于抗生物素蛋白的存在，将使水貂发生皮肤炎、脱毛等症。在准备配种期间，公貂每只用量 10 ~20 克，可提高精液品质，妊娠和哺乳母貂日粮中给 20 ~30 克鲜蛋，不仅对胚胎发育和提高仔貂的生命力有利，还能促进乳汁的分泌。

二、植物性饲料

植物饲料包括谷物、饼（粕）、果蔬类等，可为水貂提供丰富的碳化物和多种维生物。

谷物饲料一般占水貂日粮重的10%～15%，主要由玉米、大豆、大麦及副产品组成。其中，豆类一般占日粮谷物类的20%～30%，喂量过大易引起消化不良。实践中，大豆粉与玉米粉、小麦粉的混合比为1∶2∶1。将大豆加工成豆浆代替乳类饲料效果也较好。谷物类应熟喂，发霉变质的谷物易引起水貂黄曲霉毒素中毒，严禁饲喂。大豆类饲料含丰富的蛋白质，但水貂对其消化率低，在日粮中比例不宜过大，一般不超过谷物的20%，否则会引起消化不良和下痢。

果蔬类饲料：常见的蔬菜有白菜、甘蓝、油菜、胡萝卜、菠菜等。蔬菜含有丰富的维生素，是维生素B族的主要来源。蔬菜一般占日粮总量的10%～15%。利用时最好两种或两种以上的蔬菜搭配，同时要注意其新鲜程度，腐烂的蔬菜含有亚硝酸盐，喂后可导致水貂亚硝酸盐中毒。喷撒了农药的蔬菜必须待药效消失后才能喂。未腐烂的瓜果类也可以代替部分蔬菜。

三、饲料添加剂

维生素、矿物质添加剂可补充饲料中维生素A、维生素B、维生素C、维生素E和钙、磷及微量元素的不足，对保证水貂的营养需要，促进正常生长和繁殖起着重要作用，应常年供给。繁殖期可依情况增加喂量。

抗生素和抗氧化剂对抑制有害微生物和防止饲料腐败具有重要作用。在夏季和幼貂生长期使用，能预防胃肠炎，并促进幼貂的生长发育。

第四节　水貂日粮的配制技术

水貂日粮的配制，要根据水貂所处不同的生理时期的营养需要，在保证安全、科学、营养全价的基础上，根据饲料原料成分特性及参考营养价值表，选用当地饲料资源，降低饲养成本，同时，尽量选用多样化的饲料原料品种，发挥营养互作提高日粮的营养价值和利用效率。饲料配制方法主要分为重量配比法和热量配比法两种。

一、重量配比法

确定不同生产时期的日粮总量和各种饲料原料所占重量比例后，做出配方，分别计算出每只水貂每天所需的各种饲料量，再按每群水貂数量确定所需饲料总量，制定出饲料配比单。要重点核算日粮中蛋白质的供给量。添加量较少的添加饲料，如食盐、酵母、维生素、骨粉等，可忽略其重量比，单独列出添加量。

二、热量配比法

以热能为依据来计算日粮汇总各原料需要量。一般要先确定1份（即418千焦）能量中各种饲料所占的热能比例和相应的饲料重量，然后按日粮中热量总量（即份数）来计算各种饲料原料的添加量。使用此方法时，最好着重核算日粮中蛋白质含量，没有热量或热量很少的添加剂饲料，如矿物质、维生素、抗生素等可以忽略，按群水貂数量单独列出添加量。

两种日粮配制方法间可以换算，方法如表4－5所示。

表4－5　2种日粮配制方法的换算关系

饲料种类	重量法比热量法	热量法比重量法
谷物类饲料	1:1.2	1:0.8
动物性饲料	1:2	1:0.5
果蔬类饲料	1:2.6	1:0.4

第五节　我国水貂集约化养殖鲜饲料的配制及应用现况

在国内水貂养殖产业中，已经开始有一些大的饲料企业，例如，双良饲料有限责任公司开始进行水貂鲜饲料配制生产，并进行附近养殖区域鲜饲料的集中配送，根据国外丹麦饲料配制、生产、配送模式，根据水貂不同时期的营养需求特点，采用国外先进的饲料加工生产设备，配制全价的鲜饲料日粮，然后用冷鲜运料车进行附近区域配送，完全能保证饲料及时配送到位，同时保证饲料的新鲜。

鲜饲料全价程度：山东威海地区的部分养殖区域已经率先采用了这种饲养模式，养殖户反映饲养效果较好，饲料生产企业能及时解决饲料的售后服务问题，减少了养殖户购进原料、配制饲料的繁琐程序，周边的养殖户也逐步尝试这种新的饲养模式，虽然推广规模还有待扩大，但在国内的应用前景较好，引进国外先进的饲养模式，将逐步规范我国小作坊养殖中的饲料配制不合理，营养价值不全面，饲料原料的质量难以控制，水貂生产性能低的养殖现状。

第六节　水貂常用鲜饲料和干粉类饲料营养价值评定

毛皮动物常用的鲜饲料和干粉类饲料原料的营养特性和适宜的添加范围已在前面有介绍，下面关于两类饲料原料的常规营养指标进行总结介绍，为水貂养殖者选用及配制饲料提供理论参考依据（表4-6至表4-9）。

表4-6　常用干粉类饲料的营养价值（风干基础）

饲料种类	绝干物质（%）	粗蛋白（%）	钙（%）	磷（%）
秘鲁鱼粉	90.70	68.22	2.58	0.92
肠羽粉	92.40	52.28	4.02	0.20
肉骨粉	94.30	51.54	8.34	3.49
羽毛粉	91.10	85.72	0.82	0.04
猪肉粉	91.30	80.72	3.52	1.21
玉米蛋白粉	90.60	59.99	0.81	1.25
膨化大豆	91.90	38.94	0.91	0.62
豆粕	89.70	59.56	0.99	0.67
无氮日粮	89.70	6.03	0.74	0.11
膨化玉米	91.20	9.00	1.08	0.23
玉米胚芽粕	92.90	26.00	0.86	1.64

表 4-7 常用鲜饲料营养价值评定

饲料种类	水分（%）	粗蛋白（%）	粗灰分（%）	钙（%）	磷（%）
小黄花	56.60	18.30	3.40	4.00	0.90
海杂鱼 1	83.90	23.50	3.50	2.40	0.80
海杂鱼 2	80.80	12.78	3.81	1.10	0.45
马口鱼	69.50	15.90	3.60	2.40	1.00
淡水杂鱼	81.01	12.18	3.38	0.77	0.24
鲤鱼	73.60	15.95	7.84	2.58	0.65
青鱼	76.90	16.49	1.20	0.025	0.17
红头	73.40	19.00	2.20	1.90	0.90
安鱇鱼头	82.70	12.80	3.90	2.50	1.10
鱼头	67.30	17.95	8.96	3.38	0.99
鱼皮	50.20	28.94	2.14	0.59	0.34
鱼肝	72.30	16.07	1.94	0.13	0.18
全鸡	62.80	17.85	2.72	1.00	0.49
残鸡	74.10	17.30	0.90	2.40	0.50
毛鸡	64.00	19.40	2.20	2.00	0.50
鸡架肉	68.90	16.30	1.60	2.10	0.60
鸡皮	43.10	13.43	1.88	0.07	0.10
鸡胗	77.73	17.06	1.12	0.08	0.14
鸡杂	78.60	3.34	0.68	0.092	0.03
鸡肺	65.21	11.94	1.59	0.51	0.28
鸡心	66.87	14.03	1.99	0.23	0.15
鸡蛋（带皮）	81.85	7.42	5.42	2.21	0.10
鸡蛋	80.50	12.50	1.20	1.70	0.30
鸡头	65.60	13.70	3.80	1.10	1.00
鸡架	79.90	16.60	5.10	2.70	1.00

（续表）

饲料种类	水分（%）	粗蛋白（%）	粗灰分（%）	钙（%）	磷（%）
鸡肉	59.90	14.90	2.30	3.00	0.70
鸡肝	65.20	15.80	3.80	2.10	0.90
肉鸡鸡肠	69.00	18.00	1.50	2.30	0.80
蛋鸡鸡肠	44.20	26.10	1.30	3.20	0.70
鸡皮油	43	8.5	0.40	1.50	0.40
鸡碎肉	73.80	11.90	3.30	2.00	0.90
鸭架	70.50	10.50	1.30	1.80	0.60
鸭肝	70.60	11.30	1.60	1.30	0.60
猪血	78.06	21.94	0.97	0.18	0.07
猪肝	78.30	15.10	1.40	1.20	0.50
牛肉	71.18	28.82	0.88	0.20	0.17
牛肝	71.89	28.11	1.53	0.17	0.33
羊肝	69.00	18.50	1.40	—	—
羊肾	78.80	16.50	1.30	—	—
羊心	79.30	11.50	0.60	—	—
貂肉	72.10	23.90	4.70	5.90	1.30
貉子肉	51.50	19.60	5.80	2.60	1.30

表4-8　生长期水貂推荐干粉饲料配方（风干基础） 单位:%

原料	育成期	冬毛期
膨化玉米	33.50	34.00
豆粕	5.00	4.00
玉米蛋白粉	10.00	9.00
玉米胚芽粕	3.00	1.00
鸡肉粉	6.00	4.00

（续表）

原料	育成期	冬毛期
肉骨粉	16.00	12.50
乳酪粉	5.00	5.00
鱼粉	13.00	18.00
豆油	4.00	8.00
食盐	0.50	0.50
预混料	4.00	4.00
合计	100.00	100.00
营养水平		
代谢能（MJ/kg）	10.17	13.17
粗蛋白质	34.18	31.94
钙	3.20	2.41
总磷	2.67	1.39
赖氨酸	2.62	2.42
蛋氨酸＋半胱氨酸	1.89	1.79

注：饲料代谢能分别按蛋白、脂肪、碳水化合物提供的能量计算得出下表同其他指标均为实测值

表4－9　繁殖期水貂推荐的鲜饲料配方（风干基础）单位：%

原料	准备配种期	配种期	妊娠期	哺乳期
膨化玉米	50.26	49.36	48.36	24.70
黄花鱼	17.15	16.49	16.49	35.05
鸡杂	5.50	6.00	5.00	5.00
鸡蛋	6.00	6.00	7.00	7.00
猪碎肉	14.59	15.65	16.65	21.75
牛肝	5.00	5.00	5.00	5.00
食用盐	0.50	0.50	0.50	0.50
添加剂	1.00	1.00	1.00	1.00

（续表）

原料	准备配种期	配种期	妊娠期	哺乳期
总计	100.00	100.00	100.00	100.00
营养水平				
代谢能（MJ/kg）	13.29	13.29	13.29	18.85
粗蛋白质	32.31	34.53	36.53	40.94
粗脂肪	10.72	16.67	16.67	24.76
钙	2.48	2.48	2.48	2.85
总磷	1.38	1.28	1.28	1.96

第五章 水貂用微生态制剂及其应用

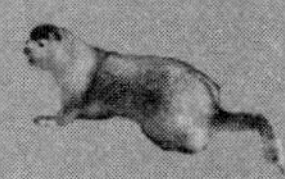

第一节 水貂微生态制剂产品的定义及作用

一、定义

水貂微生态制剂是指生产菌种选自水貂肠内有益的优势菌群，利用微生物以及生物发酵工程制备获得，经口服后，可克服口腔及胃内相关消化酶以及酸性环境，到达小肠，通过改善肠道菌群平衡改善动物健康状况，提高营养物质利用的微生物产品。

20 世纪初，俄国科学家梅切尼科夫（Eliemetchnikoff）提出“乳酸菌长寿理论”。直到 20 世纪 80—90 年代英国著名科学家罗伊·富勒（Fuller）才给出益生菌相对完整的定义为“益生菌为一种活的微生物日粮佐剂，通过改善宿主动物的肠道微生物菌群平衡，从而对宿主动物产生有益的效果”。2001 年，联合国粮食及农业粮农组织（FAO）和世界卫生组织（WHO）将益生菌定义为“一种活的微生物，当摄入足够数量时，会对宿主产生一定的健康作用。”2002 年，欧洲食品和饲料菌种协会（EFFCA）给益生菌的定义进行了如下修正“益生菌是活的微生物，通过摄入充足数量，对宿主产生一种或多种特殊且经过临床论证的功能性健康益处。”进一步突出益生菌制剂活菌的重要性，以区别于其他制剂，同时，还突出了活菌数量与益生效果密切相关。

二、微生态制剂的应用

（一）微生态制剂的应用背景

抗生素在治疗疾病甚至在挽救生命方面发挥了巨大作用，20 世纪被称为“抗生素的时代”。但随着工厂化、集约化饲养技术的实施，各种畜禽疾病的发生越来越频繁，抗生素的使用也越来越广泛，尤其是广谱高效抗生素的滥用，给畜牧业生产、环境、人类健康带来严重负面影响。一方面，抗生素滥用导致动物肠道微生态失衡，破坏正常菌群结构，造成抗生素腹泻现象；另一方面，抗生素的大量使用造成动物产品中过量的药物残留，动物体本身产生耐药性，危及环境乃至人类健康；再一方面，用药量增加，也大大增加了养殖成本。国内外对畜牧业饲养中的抗生素使用也做出了明确规定，禁止或限制多种抗生素和化学类促生长药物的添加使用。因此，微生态制剂以其无毒、无残留、无抗药性成为 21 世纪抗生素的最可能替代产品之一。

（二）微生态制剂的益生作用

动物胃肠道内存在数量巨大，种类庞杂的微生物，由他们形成的肠道微生态系统目前其功能、营养物质利用方式等正在被各领域科学家逐步揭示。动物肠内微生物在数量上远远超过动物体细胞数，形成一个与宿主生理及健康密切相关的动态微生态系统。胃肠道为这些微生物提供丰富的营养和适宜的温湿环境，微生物在这个相对开放并恒定的环境中增殖衰亡，这种微生物与微生物之间，微生物与宿主之间的动态变化，对维持宿主健康有着重要的意义。

益生菌作为促进机体健康的有益菌，其功能是多方面的。它可以促进营养物质的吸收，提高营养物质利用率，可以综合调节机体的免疫机能，预防疾病，可以提高机体对蛋白质的利用率，使动物排出的氨、硫化氢、吲哚及粪臭素的含量大大降低，有益于环境保护，如益生乳酸菌还具有降低胆固醇抑制癌细胞生长等的作用。

1. 促进机体对营养物质的吸收

在动物肠道中95%以上的微生物为乳酸菌等益生菌，动物肠道为这些肠道微生物提供优越的栖息和繁殖环境。肠道微生物及其基因组赋予动物没有必要在自身上进化的特性，弥补动物某些生物学不足。肠道微生态区系是个复杂的动态生态系统，通常与宿主的新陈代谢密切相关（Bourlioux，2003；Sandrine，2008）。肠道微生物及其代谢产物对宿主的能量平衡和生理活动产生重要影响，能够降解和发酵复杂非可消化性碳水化合物，释放出部分能量，可以再次被宿主吸收和利用，扩大了宿主可利用原料的范围和提高了能量利用效率，并影响氨基酸的动态平衡（Hooper，2002）。例如，对人类来说，血液中1%～20%的赖氨酸和苏氨酸来自肠道内细菌的合成（Metges，2000），肠道微生物也可以合成必需维生素K和B族维生素（Hooper，2002）。此外肠道微生物可以分泌一些酶，如蛋白酶，脂肪酶，淀粉酶等，促进营养物质分解为可以直接被宿主吸收利用的小分子物质。

哺乳动物肠道通过自然选择而存在的固有菌，能对很多药物及营养物质的代谢产生明显的影响，改变它们的生物学利用率及代谢结果（Nilcholson et al.，2005）。宿主和肠道微生物在长期的协同进化过程中形成的相互协同关系，二者共同组成肠道微生态系统，保障了该系统最大限度地从有限的食物中获取最大可能的营养价值，维护系统长期稳定和动态平衡（Hooper et al.，2002）。

最新研究表明，消化道微生物区系具备为宿主摄取能量的能力。有研究已经证明，肠道微生物与人和鼠的肥胖紧密相关（Ley，2006；Bäckned，2007）。因此，动物消化道有益微生物区系与肥胖形成之间的关系，将是消化道微生物研究的一个全新领域（罗玉衡，2007）。

2. 对不同类型腹泻及肠炎的抑制作用

近年来，人们对益生菌的研究越来越多。外源益生菌，如乳酸菌、双歧杆菌等，可以降低腹泻及肠炎的发病率，抑制急性肠炎，轮状病毒引起的腹泻，以及抗生素导致的腹泻（Santosa，2006；Zocco，2006），并且还可以抑制幽门螺旋杆菌（Helicobacter pylori）感染（Gotteland，2006），减轻消化道紊乱症（Camilleri，2006）。此外益生菌在对与致病菌感染及相应的免疫激活方面也可以表现出其益生活性（Santosa，2006）。益生菌可以降低炎症症状，如炎症性肠炎（IBD）和肠易激综合征（IBS）（Sheil，2007），这些有益结果主要是由于有益微生物区系的改变刺激局部抗炎细胞因子的分泌所致（McCarthy，2003）。这一原理和功效现已得到充分证明，将惰性的食品有机物 Lactococcuslactis 应用于炎症性肠病模型鼠（IBD 模型鼠），研究发现可以促进肠中局部 IL-10 的分泌，减缓肠炎症状（Steidler，2000）。

最近的研究还表明，益生菌还可以通过粘附和降解潜在的致癌物质（Constantine，2008）或产生短链脂肪酸（Geier，2006）来预防和抑制结肠癌等疾病的发生。尽管益生菌具有明显的临床效果，但是，这些菌株很难适应前肠的生理环境，在临床应用过程中，这已经成为这类口服类活菌制剂在应用方面的最大障碍（Sleator，2008a；Sleator，2008b）。

3. 益生菌对机体免疫的调节作用

大量的研究表明，益生菌制剂对动物的免疫系统具有刺激作用。口服乳酸菌可诱导产生 IL-1β，TNF-α 和 INF-γ，从而增强机体的全身免疫应答。

以双歧杆菌为主要成分的益生菌制剂，可激活机体巨噬细胞数量，诱导免疫细胞因子的分泌，从而增强巨噬细胞吞噬、分泌、能量代谢以及细胞毒等功能。同时，巨噬细胞分泌的大量细胞因子，作用于 B 淋巴细胞，使之分化成熟并诱导产生多种抗体。同时，双歧杆菌可增加 B 淋巴细胞数量，促进 B 淋巴细胞的转化并激活其免疫功能，参与免疫反应的调节。对双岐杆菌以及乳酸杆菌对各项免疫指标进行相关分析，发现双歧杆菌和乳杆菌可与酯酶阳性的 T 淋巴细胞数，血清中 IL-2 的含量有显著的正相关，而 IL-2 主要由活化的 T 淋巴细胞产生，说明双岐杆菌在调剂机体的细胞免疫中可能发挥了重要的作用。王立生（2000）报道，两双歧杆菌可增强巨噬细胞的吞噬能力，提高动物能量代谢水平。

肠上皮细胞可通过抗原递呈和分泌细胞因子等参与肠道黏膜免疫系统释放 sIgA 和调节免疫反应的作用。肠道共生菌能够增强肠上皮细胞的保护性反应，其机制可能为 IEC 针对有益菌不出现炎症应答作用，而对致病菌则有炎症应答。在应用益生菌的临床研究中有大量是关于益生菌对肠道感染性疾病的预防和治疗作用的研究。数据表明，益生菌对轮状病毒腹泻，抗生素性腹泻具有明显的治疗效果；对于旅行者腹泻，医院内感染的腹泻，以及过敏性肠道感染具有一定的治疗效果。

肠道黏膜接触大量的食物抗原和肠道微生物，使宿主对肠道菌群处于耐受状态或维持低水平的“生理性炎症”。

4. 降低血清胆固醇水平的作用

血清胆固醇水平的提高会增加冠心病的发病率。血清中胆固醇较正常水平每增加 1mmol，冠心病的发病率提高 35%，由冠心病导致的死亡率上升 45%。血清中胆固醇每下降 1%，冠心病的发病率下降 2% ~3%（Manson，1999）。增加含有益生菌乳产品的食入量，已作为降低血清胆固醇的一种方式。水貂日粮中动物性饲料含量高达 60% 以上，有研究表明，有些乳酸杆菌具有降低总胆固醇和低密度（LDL）胆固醇的能力，肠道益生菌数量的改变，会导致肝脏脂类代谢的改变，并且降低血浆脂蛋白水平（Francois-pierre，2008）。目前，益生菌对血清胆固醇降低的机理仍不清楚，现广泛存在 3 种假说。①益生菌可以分泌胆酸盐水解酶，促进氨基乙酸或氨基乙磺酸共轭胆酸盐转化为氨基酸残渣或游离胆酸盐或胆酸（Corzo，1999）。②Noh（1997）提出在 L. acidophilus 生长过程中可以从介质中结合一部分胆固醇到细胞膜上。胆固醇结合或粘附到细胞膜上可以降低小肠中被吸收入血的胆固醇含量。胆固醇的清除可能与胆固醇的消化速度有关。体外实验表明乳酸杆菌菌株能够消化胆固醇，在体内实验中也可以降低胆固醇含量（Dambekodi，1998）。

但是，益生菌要发挥益生作用就必须克服肠道内的物理及化学阻碍，要求这些可能对机体健康有促进作用的益生菌具有在含胆汁及酸性条件的空肠食糜及小肠中存活的能力。不同来源的益生菌的益生特性（酸和胆汁耐受性）不同，它们对胆固醇清除的能力不同，因此揭示不同益生菌对胆固醇的降解机理是当前一个阶段内需要集中攻克的一个难题。

5. 净化养殖环境

微生态制剂可减少肠内有害物质的产生降低圈舍臭味。肠内大肠杆菌以及其他革兰氏阴性菌可利用蛋白质，将其降解为具有臭味的硫化氢、吲哚、腐胺、氨等有害物质。微生态制剂可提高肠内蛋白质的利用率，并将肠内非蛋白氮合成氨基酸等被动物直接吸收利用。并且乳酸菌等益生菌还具有抑制腐败型有害菌增殖的作用，减少臭味物质的产生。芽孢杆菌、酵母菌以及其他有益菌可产生多种酶类，降低粪便中氨、硫化氢等有害气体的浓度，从而对养殖场环境具有净化和保护作用。

6. 益生菌的种属特异性

选择益生菌的一个重要标准就是宿主的种属特异性，这是菌株充分发挥其益生作用的先决条件（Ouwehand，2002）。在宿主对肠道微生物进行选择的同时，肠道微生物也在不断地对宿主进行选择。尽管肠道微生物在亚种和株的水平上体现出多样性，目前，已经鉴定出7 000多株肠道细菌，但在更高的分类级别上却相对稀疏，仅有55门已知细菌中的8门存在于人及动物的肠道中，而且尚有5门数量为之甚少（刘威，2006）。肠道微生物在亚种和株水平上体现出多样性与在门水平上体现的稀疏性形成鲜明的对比，说明这些微生物之间存在相对高度的亲缘关系，间接地说明了宿主仅仅强烈地选择那些对宿主健康有利的少数物种（刘威，2006）。例如，给犬科动物饲喂含有 *Enterococcus feacium* 非犬科动物源商业益生菌，对犬科动物具有一定潜在的健康风险（Titta，2006）。因此在应用方面更要充分考虑到不同益生菌的来源特异性。

（三）水貂微生态制剂的作用

水貂肠道内存在数量巨大的微生物，这一点在中国农业科学院特产研究所前期的研究中已获得证实。外源添加益生菌制剂可影响水貂肠内微生物种类及数量，其中，可培养肠细菌总数下降，乳酸菌及双岐杆菌数量明显增加，大肠杆菌、酵母菌数量无明显变化；肠内微生物的多样性指数、细菌均匀度、丰富度指数均有所增加，并且植物乳杆菌和屎肠球菌组合应用效果要明显优于添加其他益生菌制剂。

尽管很多研究报道乳酸菌具有明显的临床效果，但有些菌株很难适应小型肉食动物前肠的酸性生理环境，或很多自然生境的益生菌株具有胆汁酸不耐受性（Sleator et al.，2008a；Sleator et al.，2008b），因此，很难到达特定位置发挥其特有的益生功能。水貂源来源益生菌可以在一定程度上解决这一问题，如乳酸菌或双岐杆菌可以耐受胃中低 pH 值环境，到达小肠或促进小肠内同类益生菌数量的增加，这无疑对我们解决现实生产中其他益生乳酸菌的酸不耐受性提供新的试材。

第二节　市售微生态制剂种类

早在18世纪40年代就有人开始利用乳酸杆菌治疗猪腹泻，并取得显著效果，这是动物最早使用的用于防治疾病的活菌制剂。近年来，随着水貂集约化饲养模式的推广，不明病因等腹泻频频发生，抗生素、激素类药物的超量、超范围使用产生的危害越来越严重，人们对生物防治的研究越来越重视，水平也在不断提高；微生态制剂以其取之自然，归于自然的无污染无残留特性，对其的研究、生产和应用也愈加广泛。

一、微生态制剂的菌种

理想的可直接饲用的微生物菌种应该具有以下特性。①不会使人和动物致病，不与病原微生物产生杂交种；②在体内外易于繁殖，体外繁殖速度快；③在低pH值和胆汁中可以存活，并能粘附于肠黏膜表面；④在发酵过程中，能产生乳酸和过氧化氢等物质；⑤能合成对大肠杆菌、沙门氏菌、葡萄球菌、梭状芽孢杆菌等肠道致病菌的抑制物而不影响自己的活性；⑥加工后活菌存活率高，混入饲料后高温下稳定性好；⑦来自动物自身肠道或环境中；⑧有利于促进宿主的生长发育及提高抗病能力；⑨符合国家规定的可用于饲料添加剂的菌种名录。

1989年，美国FDA和美国饲料管理协会公布了可以直接饲喂且一般认为是安全的微生物菌种名单，共42种，如表5－1所示。

表5－1　可用于食品及饲料的微生物菌种（FDA，1989）

菌种名	拉丁文名	菌种名	拉丁文名
黑曲霉	(AsPergillus niger)	迟缓芽孢杆菌	(Bacillus lentus)
米曲霉	(Aspergillus oryzae)	地衣芽孢杆菌	(Bacillus licheniform is)
凝结芽孢杆菌	(Bacilluscoagulans)	短小芽孢杆菌	(Bacillus Pumilus)
枯草芽孢杆菌	(Bacillus subtilis)	嗜淀粉拟杆菌	(Bacteroidesamylophilus)
多毛拟杆菌	(Bacteroides capillosus)	栖瘤胃拟杆菌	(Bacteroides rum in icola)
产琥珀酸拟杆菌	(Bacteroidessuccinogenes)	动物双岐杆菌	(Bifidobacterium animalis)
青春双岐杆菌	(Bifidobacteriumadolescentis)	两歧双岐杆菌	(Bifidobacteriumdifidum)
婴儿双岐杆菌	(Bifidobacteriuminfantis)	长双岐杆菌	(Bifidobacteriumlongum)
嗜热双岐杆菌	(Bifidobacterium thermophilum)	嗜酸乳杆菌	(Lactobacillusacidophilus)
短乳杆菌	(Lactobacillus brevis)	保加利亚乳杆菌	(Lactobacillusbulgaricus)
干酪乳杆菌	(Lactobacillus casei)	纤维二糖乳杆菌	(Llactobacilluscellobisus)
弯曲乳杆菌	(Lactobacillus curvatus)	德氏乳杆菌	(Lactobacillus delbriickii)
发酵乳杆蓖	(Lactobacillus fermenti)	瑞士乳杆菌	(Lactobacillus helveticus)
乳酸乳杆菌	(Lactobacillus lactis)	胚芽乳杆菌	(Lactobacillus plantarum)
罗氏乳杆菌	(Lactobacillus rentdril)	肠膜明串珠菌	(Leuconostosm esenteroides)
乳酸片球菌	(Pediococcus acidilactici)	啤酒片球菌	(Pediococcus cerevixiae)
戊糖片球菌	(Pediococcus pentosaceus)	费氏丙酸杆菌	(Propionibacteriumfreudenreichii)
谢氏丙酸杆菌	(Propionibacteriumshermanii)	酿酒酵母	(Sacharomycescerevisiae)
乳脂链球菌	(Streptococcus cremotis)	双醋酸乳链球菌	(Streptococcus diacetylactis)
粪链球菌	(Streptococcus faecalis)	中链球菌	(Streptococcus interm endius)
乳链球菌	(Streptococcus lactis)	嗜热链球菌	(Streptococcusthermophilus)

我国农业部2008年12月1126号公告《饲料添加剂品种目录（2008）》（表5-2）中规定的可以直接饲喂动物的饲料级微生物添加剂菌种，共16种。目前，我国微生物饲料添加剂目前尚无行业标准。

表5-2　饲料添加剂菌种目录（农业部，2008）

菌种名	拉丁文名	菌种名	拉丁文名
干酪乳杆菌	(*Lactobacillus casei*)	戊糖片球菌	(*Pediococcuspentosaceus*)
乳酸乳杆菌	(*Lactobacillus lactis*)	两歧双歧杆菌	(*Bifidobacteriumbifidium*)
植物乳杆菌	(*Lactobacillus plantarum*)	酿酒酵母	(*Saccharomyces cereviseae*)
嗜酸乳杆菌	(*Lactobacillus acidophilus*)	产朊假丝酵母	(*Candida utilis*)
粪肠球菌	(*Streptococcufaecalis*)	沼泽红假单胞菌	(*Rhodopseudomonaspalustris*)
屎肠球菌	(*Streptococcus faecium*)	枯草芽孢杆菌	(*Bacillus subtilis*)
乳酸肠球菌	(*Streptococcus lactis*)	地衣芽孢杆菌	(*Bacillus licheniformis*)
乳酸片球菌	(*Pediococcusacidilactici*)	保加利亚乳杆菌	(*Lactobacillus bulgaricus*)

二、微生态制剂菌种选择原则

（一）微生物饲料添加剂产品核心菌种的筛选流程

菌种的筛选：根据应用动物不同，选择不同宿主或来源的益生菌株，种属应符合农业部《饲料添加剂品种目录（2008）》。

菌株的鉴定：表型鉴定，主要进行革兰氏染色、生化特征、遗传表型鉴定，核酸鉴定等，确定菌株的种属名称。

安全性及动物临床试验：进行益生菌制剂的安全性实验，筛选菌种的体外实验，以及所应用对象的临床应用试验，主要用于检测产品是否能引起潜在的感染及致病性或是否能够传递耐药性等。

考虑到微生态制剂保证安全的重要性，即使使用普遍认为安全的菌种，也应进行以下重要特性实验：抗生素耐药谱，菌株特殊代谢特性评估，动物试验中副作用评估，进入市场后副作用发生率的流行病学的监测。

应用微生态制剂产生的副作用主要有以下方面，在应用过程中需密切观察。主要包括系统性感染，代谢产物的毒性作用，对免疫功能受损的动物的过度免疫刺激等。通常系统性感染多见于淋巴系统功能降低即免疫状况极度低下动物有可能导致此类系统感染。

如果评估的益生菌株属于已知能对哺乳动物产生毒素的种属，必须检测其产生毒素的能力，测试毒性方案可参考欧盟动物营养科学委员会2000年推荐的毒性产生的方案。

（二）微生态制剂的选择

随着饲养业抗生素禁用，以及微生态制剂对生产的有益作用被人们所熟知，越来越多的企业和个人开始将目光瞄准微生态制剂市场。但目前市场上存在一些没有微生物饲料添加剂生产许可证，菌种来源不清，生产工艺不达标，产品质量不稳定，夸大宣传等低质产品，以低廉的价格冲击市场，造成了微生态饲料添加剂市场产品品种繁多，等级不一，产品品质标示方法各异。同时，造成产品的使用效果也不完全一致。一方面，因为某些微生态生产厂家本身存在缺陷，菌种功能差，生产水平低下，产品质量不稳定，以次充好；另一方面，由于产品本身及操作技术无标准可依，使用方法不当。这些问题都影响了消费者对这类产品的信任度。总之，由于国内没有完善的行业管理体系，产品没有统一的质量标准，菌种安全性上也缺乏评价的依据，市场中更有投机者存在，导致了市场产品良莠不齐，鱼龙混杂的混乱局面。

根据理论与实践经验，合格的益生菌菌株及产品必须满足以下条件：①正确的来源，同源益生菌的作用效果通常情况下更易发挥作用；②定植和粘附能力，可在动物肠内稳定存在，并具有增殖能力；③在酸性和高胆盐环境中的生存能力，可耐受胃酸及小肠内各类消化酶的作用；④特异性的生理功能，具有特定的提高营养物质消化吸收、增强免疫力、改善宿主健康状态、与预防或治疗疾病具有重要作用等；⑤产品中稳定的活菌数，活菌总数可达到预防、治疗或保健作用的最低数量。

（三）微生态制剂分类

按功能分有以下两类。

1. 中药微生态制剂

也称为第四代益生素，性状为潮湿粉末或养殖场自行发酵的活菌发酵液，是乳酸菌发酵中药微生态活菌制剂。优点是活菌含量高，缺点是不耐高温。

2. 益生菌类制剂

是以枯草芽孢杆菌、酵母菌、乳酸菌等多菌种发酵的一类微生物制剂的总称。性状为干燥粉末，载体多为稻壳粉或钙粉，产品需要经过加工、烘干、包装等工艺，所含活菌数量很小，多为死的菌体或休眠状态的芽孢类菌体。优点是耐加工，可以供饲料厂使用，缺点是活菌数量少，需长期使用才有效。

（四）水貂中常用的微生态制剂

按菌种分类主要有以下几类。

1. 乳酸菌类

嗜酸乳杆菌，嗜热乳杆菌、植物乳杆菌、肠球菌、嗜热链球菌等，属于单胃动物自身存在的益生菌，可直接调节胃肠微生物平衡，降低致病菌的定植，促进胃肠蠕动，降低过路菌在肠道中的停留时间，维护肠道健康；对消化不良以及各种类型腹泻具有较好的预防作用。通常乳酸菌类制剂的与双歧杆菌类、酶制剂等联合使用效果加倍。目前市售的常见乳酸菌制剂形式有乳酸菌片，乳酸菌饮液等。

2. 双歧杆菌类

目前，含有双岐杆菌的生物产品约有 70 多种，随着年龄的增长，肠道内双岐杆菌的数量逐渐下降。肠道内双岐杆菌可抑制外籍菌（或过路菌）等腐败菌数量，降低有毒代谢产物，如胺、酚、吲哚类等物质含量；调整肠道正常菌群，恢复肠道菌群平衡，对慢性肠炎具有较好的治疗作用；对于由大量使用抗生素而导致的伪膜性肠炎，也具有较好的治疗作用；同时，双岐杆菌类制剂还具有增强机体的非特异和特异性免疫反应，在肠道内合成维生素、氨基酸等，促进营养物质吸收，提高机体对钙离子的吸收，调节肠道功能紊乱等作用。目前，市售制剂主要双歧杆菌，双岐三联活菌制剂等。

3. 芽孢杆菌类

枯草芽孢杆菌，纳豆芽孢杆菌，地衣芽孢杆菌，腊状芽孢杆菌，苏云金芽孢杆菌，巨大芽孢杆菌等。芽孢杆菌均有较强的蛋白酶、淀粉酶以及脂肪酶活性，可促进动物对营养物质的消化利用，同时，可降解植物饲料的细胞壁成分，减少抗营养因子对动物消化利用的障碍。抑制肠道致病菌等有害微生物生长，分解有机硫化物、有机氮等，降低有害气体排放，改善场区环境。目前，市售制剂主要有枯草芽孢杆菌、地衣芽孢杆菌、复合芽孢杆菌制剂等。

4. 酵母菌类

酵母菌属于单细胞真核微生物，是人类应用最早的一类微生物。每年饲料酵母占酵母总产量（50WT）的15%（压榨酵母、活性干酵母、快速活性干酵母）。在兽药工业中，酵母及其制品主要被用于治疗消化不良；在饲料工业中，酵母则主要作为蛋白质饲料提高饲料中蛋白质含量。酵母饲料可提高畜禽产肉率，产蛋率以及产乳率，同时，对改善毛皮品质也具有一定效果。

酵母菌发酵可产生丰富的蛋白质、维生素和酶等活性物质，医药上通常将其制成酵母片，用于治疗因采食不当产生的消化不良、腹泻以及肠胃充气等症。在酵母培养过程中，添加硒、铬等微量元素，对某些疾病具有一定的疗效。如富硒酵母用于治疗克山病，含铬酵母治疗糖尿病等。饲料酵母，通常采用假丝酵母、啤酒酵母、面包酵母等培养、干燥制成不具发酵能力的粉末或颗粒状产物。蛋白质含量30%～40%，富含完整的B族维生素、氨基酸等，具有促进动物的生长，缩短饲养期，改善皮毛的光泽度，增强幼禽畜的抗病能力等作用。

5. 复合菌类

由多种微生物菌种组成，各菌种组成合理，具有相互协同作用，共生性良好，综合功能强的特点。所用菌种符合国家菌种资源库目录，符合国家农业部、环保部门的规定和要求，非转基因产品，非外来物种入侵，通常根据用户要求和使用对象不同进行合理组配。多用于水产养殖、环境净化、生物修复等功能。

6. 其他微生物类

曲霉菌属、光合细菌、担子菌、放线菌、小齿薄耙齿菌、柳叶皮伞，食用真菌类，螺旋藻、小球藻等微生物类，在毛皮动物生产中应用较少。

（五）水貂用微生态制剂的剂型

动物用微生态制剂研究较早，产品比较丰富。我国近10年以来，微生态制剂在毛皮动物饲养业中的应用越来越广泛。常用的微生态制剂产品主要包含以下几种剂型。

1. 冻干粉制剂

益生菌经过生物方法增菌发酵后，利用浓缩技术，添加冻干保护剂，利用冷冻干燥设备制成的粉状制剂。该类制剂活菌数较高，并便于运输、保存，但前期投入大，价格较昂贵。

2. 液体制剂

单一或混合菌种经发酵后，直接制成的发酵液，含有大量活菌及其代谢产物。此类制剂活菌数高，但不便于贮藏和运输，通常需低温保存，保存期较短，开启后须在2～3天内饲喂完。

3. 普通固体发酵生产的粉剂

经深层液体发酵和一系列的后续加工过程制成的粉剂、

片剂、微胶囊制剂等。目前微生态制剂的微胶囊包被工艺，可显著提高产品的活菌数、货架期以及抵抗胃和小肠消化的能力。饲料中添加的微生态制剂主要采用液体或粉剂形式；预防或治疗动物腹泻以及消化不良则主要采用片剂、胶囊等形式口服，较为理想。

第三节　微生态制剂的用法及注意事项

一、微生态制剂的使用

使用方法：不同微生态制剂根据其功能不同，使用方法有所差异。常用的使用方法，根据不同产品，一般采用饮水或拌料的方法。

使用剂量：根据使用功能和所含活菌数量，通常保健用量为 10^7cfu/d/只动物，通常预防使用量为 10^9cfu/d/只动物，治疗剂量为 $10^{10\sim11}$cfu/d/只动物，特殊制剂具体根据说明书或专业人员指导饲喂，如果剂量不足则效果不明显。

一般商品制剂添加量都在 0.1～1.0g/只动物。疫病流行期、应激、疾病治疗、换料期间应适当增加用量。

二、使用微生态制剂的注意事项

水貂、狐最好在预备断奶前开始使用，貉可以出生半月后使用。

与抗生素的关系：若动物生病必须用抗生素治疗，则应在用药后使用。

添加于饮水中使用，要对饮用水管线进行彻底清理、消毒。

避免与具有抗生素的饲料一起使用，否则会影响益生菌制剂的使用效果。

产品打开包装后应尽快用完，以免活菌数下降，或有害菌大量滋生，使产品失效或变质。

第六章 水貂良种繁育关键技术

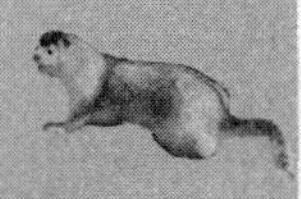

第一节 水貂繁殖生理特点

水貂是一种野生动物，其祖先生活在北纬40°以北的中纬度地区，由于驯化时间较短（仅100余年），与人工饲养的家畜相比，具有自己独特的繁殖生理特征：

一、性器官发育变化规律

公母貂的生殖系统和繁殖活动随着光周期的季节性变化而发生规律性的年周期变化，是通过光周期影响松果腺中褪黑素（MLT）的合成和分泌节律而实现的，即松果腺作为神经内分泌转换器，感受视网膜传来的光照和黑暗信息，抑制或促进松果腺MLT的合成和分泌：在黑暗条件下，松果腺MLT的合成和分泌则受到抑制。因此，在短日照条件下，MLT持续分泌时间较长；反之MLT持续分泌时间较短。这种MLT每日分泌持续期的季节性节律变化向丘脑→垂体→性腺轴的相应部位发放时间信号，导致其季节性繁殖活动的发生和终止。

（一）母貂的性器官发育过程

母貂在夏季（长光照周期）情况下，母貂卵巢和子宫都很小，外阴隐藏在挡尿毛中不易发现。卵巢中的滤泡发生退行性变化，子宫角和子宫体均为苍白色，阴道上皮由 1 ~ 2 层多边形上皮细胞组成。秋分后，随着白昼光照时间逐渐减少，卵巢开始缓慢发育，新的卵泡缓慢生长。

12 月，在卵巢皮质内侧部发现由单层卵泡细胞包围着的单个原始卵泡，在皮质内侧部发现由透明带包围的正在生长的卵母细胞，同时，还能观察到闭锁卵泡内膜发育的第二代间质细胞形成。随着冬至以后白昼光照时间逐渐长，于黑夜时间，母貂卵巢及其中的卵泡生长迅速并可观察到卵细胞。2 月下旬卵胞壁紧张，卵泡腔被卵泡液拉长，可观察到卵泡液中游离漂浮的卵细胞。此时，子宫体有轻微肿胀，其上皮呈方形及圆柱形。子宫壁血管略有扩张。阴道由多层上皮组成，有黏液和脱落上皮屑。随着配种季节的临近，间质腺细胞显著发育，间质腺细胞主要产生和分泌雌激素。3 月，白昼光照时间继续延长，逐渐接近黑夜时间。此时母貂卵巢充血，有暗红色小粒状突出表面，有些初级卵泡变成成熟卵泡（直径 1 ~1. 2 毫米）。此时母貂出现发情和求偶现象，经交配等因素影响可诱导排卵。在此时期，子宫角和子宫体增大，并可观察到透明星状无核物，阴道里有大量无核角化鳞状上皮脱落细胞。春分后，随着白昼日照时数逐渐大于黑夜时间，排卵并授精的母貂卵巢表面黄体化，胚泡逐渐附植，进入妊娠期。配种季节结束后，卵巢初级和次级卵泡退化。排卵但未妊娠水貂的黄体在 4 月中旬之后退化，4 月下旬至 5 月上旬成年母貂卵巢的重量逐渐减轻；初产母貂也有这种趋势，但不十分明显。4 月末至 5 月初母貂产仔后，子宫重量也迅速下

降。此后母貂生殖系统和繁殖活动进入相对静止状态，并一直持续到秋分，然后又开始缓慢发育，进入下一个繁殖周期。

（二）公貂的性器官发育变化过程

公貂睾丸的季节性变化与母貂卵巢基本同步。幼貂在7月龄内、成年公貂从6月到11月，睾丸的重量及其机能变化很小，处于萎缩和退化状态。在长光照周期的夏季，睾丸曲细精管仅由很薄的一层细胞组成。秋分后随着白昼光照时间逐渐小于夜晚时间，睾丸体积和重量开始缓慢增加，11月底可观察到许多活跃的精原细胞核一二层迅速分裂的初级精母细胞，12月首次看到成熟阶段的精细胞，大多数曲细精管已经形成或正在形成管腔。到翌年1月中旬，大多数水貂的副睾中可以发现精子。2月中旬，公貂雄激素大量分泌并有求偶表现。在3月的配种季节里，水貂睾丸的重量可达3克左右，曲细精管直径为210～230微米，而在8月（静止期）仅为0.5克和111微米。随着白昼光照时间逐渐延长并超过黑夜，水貂睾丸开始退化。从4月起，曲细精管大多数管腔逐渐消失，到9月以前则完全消失。睾丸退化期，曲细精管的体积减少到其最大值的1/3。

二、性行为特点

水貂是刺激性排卵动物，母貂排卵必须经过交配刺激或类似交配的刺激，一定时间（6分钟以上）的交配还可促使射入子宫的精子向输卵管中运行。

(一)异期复孕特点

水貂在一个配种期有多个发情周期，受孕母貂仍能发情、接受交配并再次受孕，即水貂具有异期复孕的特点。每个发情周期为7～9天，持续期为1～3天。在配种季节，水貂卵巢以8天左右的间隔时间，形成4次或更多次的卵泡成熟期。成熟卵泡在排卵后数小时内虽出现闭锁现象，但并不随即形成有分泌孕酮功能的妊娠黄体，而且黄体处于6～10天的休滞期。在黄体休滞期里，卵巢内又有一批接近成熟的卵泡继续发育成熟，并能分泌雌激素，从而再度引起发情和交配，出现又一次排卵。因此，间隔8～10天配种两次（亦称异期复配）的水貂可生出来自两次不同排卵的仔貂。通常异期复配的母貂，如果第二次排出的卵没有受精，前次受精卵依然存在；而第二次排出的卵已经受精，则前次受精卵多数排出体外。在配种旺期，成熟卵泡数量最多，所以，在此时期受配的母貂具有较高的产仔数。

(二)具有排卵不应期

大多数母貂是在交配后的36～37小时排卵，受配的母貂排卵后出现5～6天的排卵不应期。在排卵不应期，无论对母貂采取交配刺激还是类似交配的激素等刺激，都不能使发情的母貂排卵。因此，水貂的交配如果发生在排卵不应期，即使成功达成交配，母貂仍然会空怀。

(三)具有胚泡滞育期

水貂在交配后60小时、排卵12小时完成受精过程。合子一面慢慢向子宫角移动，一面进行着自身的细胞分裂过程。

首先，受精卵经过5~6次的均等分裂成为桑椹胚，然后，继续分裂成实胚囊，到交配后第八天，发育成胚泡。胚泡进入子宫角后，由于子宫黏膜还不完全具备附植的适宜条件，胚泡并不立即附植发育，而是进入一个相对静止的发育过程。这段时间称为滞育期（或潜伏期），通常持续1~46天。当体内孕酮水平开始增加5~10天后，胚泡才附植于子宫内，进入胎儿发育期。滞育期的存在使水貂妊娠期的变动范围很大，可达44~63天不等。

水貂胚胎滞育期的长短决定于妊娠黄体的发育，妊娠黄体的发育又与光周期变化规律密切相关。水貂配种后，随着春分后日照时数的逐渐增加，其体内褪黑激素每日持续时间逐渐缩短，导致催乳素分泌增强，从而启动黄体的孕酮分泌，终止水貂的胚胎滞育。因此，在配种季节里，水貂无论何时交配，其胚泡附植总是发生在4月初（春分后），而交配后人为地有规律地增加光照时间，可缩短滞育期。由于在滞育期胚泡处于游离状态，所以，死亡率很高。往往滞育期越长，死亡率越高。因此，通过采取缩短滞育期的措施，可以增加产仔数。

（四）母貂阴道内具有袋状结构

水貂阴道长一般为3.9~4.9厘米，在阴道前部及前庭黏膜皱褶为纵行走向；阴道近子宫处黏膜皱褶是横行走向，有的形成环。其最大特点是，阴道近子宫端的背面有一个半圆形的袋，此袋发情期深约5毫米，宽为6.5毫米左右，在怀孕后期随着生殖道发育而变浅（约4毫米），宽则可达7毫米。子宫颈位于阴道袋基部偏右侧。母貂的阴道袋在交配时有固定阴茎、保证精液直接射入子宫内的作用，而不是临时的纳精器官，由于这一特殊的袋状结构的存在极不方便人工授精。

（五）交配行为

通过类似交配刺激的方法促使水貂排卵比较困难，目前人工饲养的水貂配种主要以自然交配为主，人工输精技术由于采精难度较大，对母貂刺激排卵有障碍，所以，在水貂人工繁殖中的意义不是很大。

自然交配时，公貂以前肢紧抱母貂，腹部紧贴母貂臀部。公貂断续性射精，射精时两眼迷离，用力抱紧母貂，后肢强烈颤抖，母貂伴有呻吟声。交配时间为 30 ~ 50 分钟，有的长达 2 ~ 4 小时。交配即将结束时，母貂挣扎、尖叫，分开后与公貂有短暂性撕咬。

（六）交配能力

在一个配种期，公貂一般能配 10 ~ 15 次，最多 25 次，不宜过多。原则上初配阶段每只公貂每天只配 1 次，连续配 3 ~ 4 次休息 1 天。复配阶段每天可以配 2 次，2 次间隔 4 ~ 5 小时，连续 2 天交配 4 次的，休息 1 天。

（七）妊娠

母貂最后一次交配结束后，即进入妊娠期。妊娠期平均为（47 ± 2）天，变动范围为 37 ~ 83 天。整个妊娠过程中的胚胎发育可分为以下 3 个阶段。

1. 卵裂期

卵细胞在输卵管上段受精后，经过 5 ~ 6 次均等分裂，形成桑椹胚。然后，细胞继续分裂成实囊胚，其表面为滋胚层，里面为内细胞团。最后，内细胞团的一边发生一个腔，逐渐变大。内细胞团贴附在腔壁上形成强囊胚，称胚泡。受精卵经输卵管到达子宫的时间需 6 ~ 8 天，也有人认为需 8 ~ 11 天。

2. 胚泡滞育期

胚泡进入子宫后，由于黄体尚无活性，子宫内膜没有为胚泡附植创造所需要的条件，因而处于滞育状态。胚泡在延缓附植阶段，从子宫腺体所分泌的子宫乳中获得维持它自己所需要的全部养料。

3. 胚胎期

胚泡在子宫内膜中附植后，母体的子宫内膜与胚体的绒毛膜形成胎盘，从此胚泡进入胚胎期。水貂胚泡一经附植，经过（30 ±2）天的发育，即可生长完全并产出。

水貂胚胎期死亡率很高。正常情况下，排出的卵子中平均只有 83.7% 附植，而出生的仔貂仅为 50.2%。以黄体数目与胚胎数比较，早期胚胎死亡率占排卵数的 50% ~60%。

（八）水貂的产仔

水貂的产仔日期，虽然依个体的不同而有所差异，但不同地区的水貂产仔日期一般都是在 4 月下旬至 5 月下旬。特别是 5 月 1 日前后 5 天，是产仔旺期，占产仔胎数的70% ~ 80%。窝平均产仔数为 6.5 只（1 ~18 只）。

母貂临产前 1 周左右开始拔掉乳房周围的毛，露出乳头。临产前 2 ~ 3 天，粪便由长条状变为短条状。临产时活动减少，不时发出“咕咕”的叫声，行动不安，有腹痛症状，有营巢现象。产前1~2顿拒食。通常在夜间或清晨产仔。正常情况下，先产出仔貂的头部，产后母貂即咬断仔貂的脐带，吃掉胎盘，舔干仔貂身上的羊水。产仔过程一般是2~4小时，快者1~2小时，慢者6~8小时，每5~20分钟分娩出1只仔貂。出现产仔症状，但超过8小时没产仔时应视为难产（较少见）。判断母貂产仔的主要依据是听产箱内仔貂的叫声和产后2~4小时查看母貂食胎盘后排出油墨色的胎盘粪便。

第二节　水貂育种关键技术

养殖水貂的目的，是获取优质貂皮。提高貂皮质量的途径很多，但最根本的措施是让水貂本身必须具备优良皮毛性状的遗传基因，优良品种对水貂养殖贡献率可达40%以上。水貂具备了优良的遗传特性，而且通过育种措施使之在整个种群中大范围的巩固和扩大，防止优良品种的性状退化丢失。因此，水貂饲养者应该掌握水貂主要经济性状的遗传和变异规律，发现并选择出带有优异性状基因的水貂，通过育种措施，扩大和改良现有优良水貂品系，并创造出新的优质高产品系，以达到提高种貂品质、增加良种水貂数量、改进貂皮质量的目的。

一、质量性状和数量性状基本概念

所谓性状，是指生物的形态或生理上的特征特性。如水貂毛被颜色、毛长、毛密度、体重、体长等。可分为质量性状和数量性状。水貂的各种性状和其他动物一样都是受其体内遗传因子——基因控制的。基因位于体内大部分细胞核中的染色体上，是染色体最重要的组成成分脱氧核糖核酸（DNA）分子的一部分结构。一个基因代表一种遗传信息，因此，DNA 分子储存着控制生物性状发育的遗传信息，而染色体则是载着遗传物质的载体。水貂体细胞的细胞核内含有 15 对染色体，其中 1 对是性染色体，其他的称为常染色体。除了雄性水貂的 2 个性染色体是由 X 染色体和 Y 染色体组成的外，其他每对染色体在形态结构等特征上完全一样。这些成对染色体一半来源于母体，另一半来源于父本，这种含有成双数目染色体的体细胞或个体叫做二倍体。成熟的生殖细胞即精子和卵子里的染色体数目比体细胞少一半，为单倍数，叫做单倍体。染色体能够进行自我复制。精子和卵子之所以能够起到遗传的桥梁作用，就是因为通过精子和卵子内的染色体分别把父母亲本的基因传递给了后代；子代之所以会发育成与父母相似的性状，就是因为它获得了来源于父母亲本染色体带来的基因；而子代性状之所以会表现出有异于父母亲本的遗传现象，也就是因为来源于双亲染色体所带来的基因差异，经过精子和卵子的结合、发育而体现的。

（一）质量性状

是指由一个或几个（甚至几十个）有明显效应的基因所决定的性状，相对性状间有明显表型可以区分。这些表型之间是中断的、不连续的。水貂最重要的质量性状是毛色类型，其中标准色是由二十几个有明显效应的基因所控制，若其中任何一个基因发生突变，都可以使水貂的毛色发生变异，成为彩貂中的一种。水貂质量性状的遗传方式，基本上受孟德尔遗传规律所支配。质量性状一般不容易受环境的影响而发生变异。

（二）数量性状

是指动物身上的一些可以用数量表示的性状。水貂的一些主要经济性状如体重、体长、毛长、毛密度、产仔数等都是数量性状。数量性状是连续性变异的。如水貂的体重在一定变异幅度内，从高到低可以出现某种单位的任何数值。数量性状对环境的影响比较敏感。假定控制某一性状的基因型及其作用相同，该性状在环境条件如气候、营养水平、病菌侵袭等影响下，容易表现出一定范围内的数量变化。即任何数量性状都同时受遗传基础和环境条件的双重影响。同一个数量性状受到许多基因的作用，而每一个基因的作用效应是很微小的，所以叫微效多基因。因为这类基因的作用效果是累加式的，故又称为累加基因或加性基因。虽然孟德尔遗传规律是分析数量性状遗传规律的基础，但实际育种工作中，必须运用数量遗传育种学知识。

二、质量性状的遗传规律

水貂的毛色类型属于质量性状，因此，基础遗传规律符合孟德尔的分离定律、自由组合定律和摩尔根的连锁与交换定律三大定律。

（一）分离定律

生物体的所有性状都是由染色体上成对基因决定的。1 对基因在异质结合状态下，并不互相影响，不互相沾染，而在

配子形成时，完全按原样分离到不同的配子中去，即配子中只有每对基因中的1个基因。亲代的等位基因中的两个基因，分别分离到不同个体中去，便造成了逐代的性状分离。

如黑褐色水貂的毛色基因为PP，银蓝色水貂为pp，黑褐色相对为显性性状（即该对基因不论在纯合或杂合状态下都能表现该性状），银蓝色相对为隐性性状（即该对基因只有在隐性纯合状态下才能表现该性状）。

（二）自由组合定律

当两对或更多基因处于异质结合时，它们在配子中的分离是彼此独立、互不牵连的。因而在受精形成配子的过程中，基因互相是自由和随机组合的，特别是等位基因之间的自由组合的几率相等。这就是说，两对基因异质结合，有4对配子，3对基因结合就有8对配子，n对基因组合就有2n对配子。

（三）连锁与交换定律

当控制甲性状的基因A（a）和控制乙性状的基因B（b）存在于不同的染色体上时，这两个基因向子代传递是遵守自由组合定律，即基因A（a）和基因B（b）独立地分配到子代中；如果亲代基因A（a）和基因B（b）存在于同一条染色体上时，基因A（a）和基因B（b）往往一起分配到子代中，即原来组合在同一亲本上的甲性状和乙性状常常有联系在一起遗传的倾向，后一种遗传现象称为基因连锁现象。通常将连锁在同一对同源染色体上的全部基因对称为一个连锁群。水貂约有15个连锁群。由于有关水貂毛色基因同其他性状基因的连锁遗传的研究尚无报道，现以兔的一个连锁遗传的例子来说明连锁遗传现象。

兔的毛色基因中B代表黑色，b代表褐色，黑色毛（BB）对褐色毛（bb）是显性的。兔的毛色基因中B代表黑色，b代表褐色，黑色（BB）对褐色毛（bb）是显性的。兔的脂肪颜色基因中Y代表白色脂肪，y代表黄色脂肪，白色脂肪（YY）对黄色脂肪（yy）是显性的。

当用纯合的黑色毛、白色脂肪兔（BBYY）与褐色毛、黄色脂肪兔（bbyy）杂交时，其第一代（F_1）全为黑色毛、白脂肪兔（BbYy），当用褐色毛、黄脂肪兔回交F_1时，按自由组合定律，后代各基因型（B-Y-，B-yy，bbY-和bbyy）数量比例应当是1∶1∶1∶1。但实际上杂交二代的分离情况却如下所示。

基因型	数量	表现型
B-Y-	276只	黑毛、白脂肪
B-yy	7只	黑毛、黄脂肪
bbY-	66只	褐毛、白脂肪
bbyy	125只	褐毛、黄脂肪

即4种基因型的比例与1∶1∶1∶1相距甚远。这就是因为这两对基因位于同一染色体上，在遗传过程中不能独立地分离，是连锁在一起遗传下去的，即B和Y连在一起遗传给下一代；b和y连在一起遗传给下一代。但是为什么在同一条染色体上BY组合或by组合的亲本中的后代又会出现B和y或b和Y的新组合呢？这是染色体的交换现象引起的。在染

色体减数分裂的某一时期，一些同源染色体非姐妹染色单体之间发生局部节段的交换。如果这个交换位置正好发生在B和Y或b和y之间，那么B和y、b和Y就结合到了同一染色体上，因而基因也随着染色体发生了交换，出现不同于亲本的新的基因组合。

三、数量性状的遗传规律

(一) 性状变异表现为连续性

如同一群水貂的个体重值，在一定变异幅度内，从低到高可以出现某种单位的任何数值，如果同一性状具有差异的两个亲本杂交，F_1表现出双亲的中间值，F_2则会出现更广泛的变异，把这些变异数值按大小排列，其中，类似额双亲的只占少数，基本上组成以平均数为中心的正态分布。

(二) 对环境影响比较敏感

假定控制某一数量性状的基因型及其作用相同，该性状在不同环境条件如气候、营养水平、病菌侵袭等影响下，容易表现出一定范围内的数量变化。可见，任何数量性状都同时受遗传基础和环境条件的双重影响。因此，对数量性状来说，表型是基因型和环境条件共同作用的结果。即$P=G+E$。式中P代表表型值，G为基因型值，可以遗传给后代，E是由环境条件所造成的离差，它不能遗传给后代。

(三) 受多基因控制

同一个数量性状受到许多基因的作用效应，而每一个基因的作用效应是很微小的，所以叫做微效多基因。由于数量性状具有上述遗传特点，研究数量性状的遗传规律要采用数量统计的方法。统计时，不强调每个个体的作用，着重考虑群体的平均数。而某些影响因素如显性、基因互作及环境影响等都反映在平均数上。例如，为了研究一个数量性状在群体中的变异特点，需要在平均数的基础上计算其变异量—方差，并对它进行剖析，弄清楚哪些是遗传的，哪些不是遗传的，这就要用统计学中的方差及方差分析。为了研究亲代和子代、同胞亲属间的关系，需要应用亲子之间的回归系数和相关系数、同胞间的相关系数等统计学上的参数。

遗传力是数量性状育种工作中的最重要的育种值之一。它的高低代表了由遗传所造成的变异的相对大小，即正是这部分差异可以遗传给后代，所以，它对指导动物育种工作起着重要的作用。一般当遗传力 =0 ~0.1 时，为低遗传力；当遗传力 =0.1 ~0.3 时，为中等遗传力；当遗传力 =0.3 以上时，为高遗传力。

如果一个数量性状在一个群体中的遗传力较高或中等，那么可以预言，这个群体进行这方面的育种是有改良前途的；如果遗传力低，简单地进行选择不能有改良的希望，必须采取交配的方法育种。

四、育种方向和指标

水貂的育种方向应当是：毛绒品质优良，色型新颖美观，繁殖力强，生命力和适应性强，体质健壮，体型大，能保持

本品种的优良特性。目前，我国水貂尚无统一的育种指标。这里根据有关资料对一些主要的经济性状提出一些建议性的指标，供选种时参考。

（一）毛色

这是决定貂皮质量和价值的最重要质量指标。要求必须具有本品种的毛色特征，无杂色毛，颌下或腹下白斑不超过1平方厘米。标准貂按国际贸易的统一分色方法，可分为最最黑、最黑、黑、最最褐、最褐、褐、中褐、浅褐8个毛色等级。良种貂毛要达到最最褐以上，底绒呈深灰色，最好针毛达到漆黑色，绒毛达到漆青色。腹部绒毛呈褐色或红褐色的必须淘汰。彩貂应具有备各自的毛色特征，个体之间色调均匀。褐色应为鲜明的青褐色，带黄色或红色色调的应淘汰。白色应为纯白色，带黄色或褐色色调的应淘汰。

（二）光泽

这是决定貂皮华美度的一个重要指标。要求各种水貂毛绒的光泽性要强。有金属光泽毛被的水貂一定要淘汰。

（三）毛绒长度（背正中线1/2处两侧）

要求针毛长25毫米以下，绒毛长15毫米以上，针绒毛长比例为1∶0.65以上，且毛峰平齐，具有弹性，分布均匀，绒毛柔软，而且灵活。

（四）毛绒密度

每平方厘米鲜皮纤维12 000根以上，干皮为30 000根以上，且分布均匀。

(五) 体重

成龄公貂 2 000克以上，母貂 900 克以上。

(六) 体长 (鼻尖至尾根)

成龄公貂 45 厘米以上，母貂 38 厘米以上。

(七) 繁殖力

公貂在一个配种季节交配 10 次以上，所交配母貂受孕率达 85% 以上；母貂胎产仔 6 只以上，年末成活 4.5 只以上。

五、选种技术

简单地说，选种就是留种时的选优去劣。在饲养实践中，一般称之为选种。这是改良和提高动物生产性能及培育优良品种的重要手段。从遗传学的角度分析，选种实质上是把一定的基因型和基因选择出来，使这些基因有复制和增加数量的机会；同时淘汰某些个体而使某些不良基因得不到复制，因而数量减少。也就是对一个群体，使所选择的基因的频率增加，所淘汰的基因频率减少。水貂的质量性状，应以个体的表现型为基础进行选择。例如，根据亲代和子代的毛色的表现型，判断其基因型，从而进行有效的选择。而对于一些有害的隐性基因，如脑水肿、先天性后肢瘫痪、不育症等，也根据子代的表现型，对亲代进行有效的选择。另外对一些质量性状，要根据对系谱和后裔的分析，才能了解其基因型。

对于水貂的数量性状来说，选择必须以正确的估计育种值为基础，对育种值估计得越精确，选择越可能取得更好的进展。因此，必须应用来各自方面的表型值的信息，作为估计育种值的依据。这里除了个体表型值这一信息外，还可以用祖先的、同胞的、子代的表型值，从这些表型值估计所选择的个体的可能育种值，然后根据可能育种值进行选择。有关育种值的计算方法，请参考有关动物遗传育种学专著。

（一）对单个数量性状的选择技术

1. 个体选择法

即完全根据个体的表型值来选择。这种方法适用于遗传力较高的性状，因为这种性状在个体之间表型值的差异，主要由遗传上的差异所致。对水貂的体重、体长、毛绒密度和长度、毛色深浅度以及白斑大小等性状，采取个体选择法，就能获得好的选择效果。

2. 家系选择法

以整个家系为一个单位，根据家系的平均表型值进行选择。它适用于遗传力较低的性状的选择，如繁殖力、泌乳力、成活率等性状。育种工作中，广泛采用全同胞、半同胞测验进行家系选择。越是遗传力低的性状，需要的全同胞、半同胞数越多（即大的家系）。一般采用 5 ~ 7 只以上的全同胞和 30 只以上的半同胞测验结果才比较可靠。此外，还要求家系间的差异基本上不是由于共同环境所造成的。

3. 家系内选择法

即从整个家系中选择超过该家系均值最高的那些个体留种。这种选择方法最适合家系成员间表型相差很大，而遗传力很低的情况，实际上是一种在每个家系内的个体选择。

4. 合并选择

一种组合个体表现型和家系均值进行的选择。从理论上讲，合并选择因复合了个体的家系的资料，也即利用了来源于个体表型值与个体亲属（家系）的两种信息，因而其准确性超过了上述3种选择方法。在实际应用中，一般适用于下面3种情况。

第一，组成家系的成员数目少，家系表型平均值的可靠性低。

第二，组成家系成员数目很多时，则淘汰掉基准以下的个体，选择基准以上的个体。

第三，选择两个以上的性状，而且它们的遗传力显著不同时，对遗传力低的性状，根据家系表型平均值选择家系；对遗传力高的性状，从家系成员中选择优秀个体留种。

（二）对多个性状的选择技术

在育种工作中，多数情况下，选择往往要同时兼顾到几个性状，如水貂的窝产仔数、断乳窝成活仔数、取皮时体重、毛皮质量等。同时选择两个或更多个性状，方法有以下3种。

1. 顺序选择法

在一段时间内，只选择一种性状，当这个性状的改良达到所要求的目标之后，再依次进行第二、第三种性状的选择。此法的缺点是，要达到预定的综合改良的目的，需花费很长的时间，付出很大的精力；对一组负相关的性状，往往一个性状提高了又会导致另一相关性状的下降。因此，此法仅适用于选择遗传正相关的性状，而不适用于负相关的性状。

2. 独立淘汰法（限值淘汰法）

根据对育种的具体要求，对要选择的每一个性状都制订好最低的选种标准。预选水貂必须各个性状都达到该标准才能留种，凡其中任一性状达不到标准的，不论它在其他性状上如何优良，都一概予以淘汰。此法适合选择负相关的性状，但有时可能淘汰掉许多性状优良、而仅某一性状低于标准的个体。采用这种选择时，应克服只注意表现型而忽略遗传力的倾向。

3. 综合指数法

根据育种目标的要求，把要选择的性状按其遗传特点（如遗传力、遗传相关等）和基本重要性采取加权处理后，综合成一个指数，依据指数的高低来选择种貂。此法既可以同时选择几个性状，又可以突出选择重点，而且还能把某些重要性状特别优良的个体选择出来，因而育种效果较好。

在水貂的生产实践中，水貂的选择（选种）按水貂生物学时期每年分以下 3 个阶段进行。

（1）初选阶段（6～7 月）：对成龄公貂，根据配种能力、精液品质；对成龄母貂，根据产仔数、泌乳量、母性、后代成活数，都要进行 1 次选种。对仔貂，根据同窝仔貂数、发育状况、成活情况和双亲品质，在离乳时按窝选留。初留要比实留种数多 25%～40%。

（2）复选阶段（9～10 月）：根据生产发育、体型大小、体重高低、体质强弱、换毛迟早、毛绒色泽和质量等，对成龄貂和幼貂逐头进行选择。复选数量要比实留数量多 10%～20%。

(3) 精选阶段 (11 月)：在屠宰取皮前，根据毛绒品质(包括颜色、光泽、长度、细度、密度、弹性、分布等)，体型大小，体质类型，体况肥瘦，健康状况，繁殖能力、系谱和后裔鉴定等综合指标，逐头仔细观察鉴别，反复对比，最后选优去劣，淘汰余额。

种貂的性别比例一般是标准色公母 1：(3.5～4)，白色貂公母1：(2.5～3)，其他彩貂公母 1：(3～3.5)。国外的公母貂的比例多为 1：(5～6)。我国亦应随着繁殖技术的提高和饲养条件的改善而提高性别比例，这样有利于降低成本和提高貂群质量。种貂的年龄比例，因为经过选择的成龄貂繁殖力高，所以，2～4 岁的成年貂应占 70% 左右，当年幼貂不宜超过 30%，这样有利于生产。

六、个体选配技术

选配，即是有明确目的地确定公母水貂的配对。它是有意识地组合后代的遗传基础，以达到培育和利用良种的目的。

(一) 水貂的同质选配技术

是一种以表型相似性为基础的选配，就是选用性状相同、性能表现一致，或育种值相似的优秀公母水貂来配种，以期获得与亲代品质相似的优秀后代。其主要作用在于能使亲本的优良性状相对稳定地遗传给后代。这样既可以使该性状得到保持和巩固，又可尽快增加优秀个体在群体中的数量。在育种实践中，如果为了很好地保持种貂有价值的性状，增加群体中纯合基因型的频率，就可选用同质选配的方法。当杂

交育种进行到一定阶段，出现了理想类型之后，也可采用同质选择的方法，使其尽快巩固下来。

为了提高同质选配的效果，选配中应以一个性状为主，最多也不应多于两个性状。对于遗传力高的性状，同质选配的效果一般较好；对于遗传力中等的性状，短期内效果表现不明显，可连续继代进行。如果选配双方的同质程度较高，肯定在群内消除杂合子的进度可以加快。

长期对貂群采用同质选配，有可能产生一些不良作用，如群内的变异性将相对减小，原有的缺点将变得更加严重，适应性与生活力也会下降。为了防止这些消极影响，应特别注意加强选择，严格淘汰体质衰弱或有遗传缺陷的个体。

（二）水貂的异质选配技术

是一种以表型不同为基础的选择，可分为以下两种情况。

1. 一种是选择具有不同优异性的公母貂相配

以期将两个性状结合在一起，从而获得兼有双亲不同优点的后代。从遗传理论上解释，这里所谓不同优异性状，实际上指不同位点的基因所决定的性状。

2. 另一种是选同一性状但优劣程度不同的公母貂相配

即所谓以好改坏，以优改劣，以良好性状纠正不良性状，以期后代取得较大的改进和提高。实践证明，这是一种可以用来改良许多性状的行之有效的选配方法。

异质选配的主要作用在于：能综合双亲的优良性状；丰富后代的遗传基础；创造新的类型，并提高后代的适应性和生活力。为了保证异质选配的良好效果，必须坚持严格的选种制度，并考虑性状的遗传规律与遗传参数。

（三）水貂的亲缘选配技术

就是考虑交配双方亲缘关系远近的一种选配。可分为近亲交配和远亲交配。在水貂生产上，通常采用3代以内无血缘关系的远亲交配，3代以内有血缘关系的公母貂一般不能选配。因为近亲交配，往往导致繁殖力降低，出现后代生命力减弱，体质衰弱，体型变小，畸形怪胎，死亡率增高等退化现象。血缘越近，退化程度越重。其根本原因在于遗传上有害的隐性基因的纯合，血缘越近，纯合的机会越多，因而表现的退化现象也越严重。

七、种群选配技术

在我国水貂育种中，种群大多指的是引自不同国家或自繁的具有不同特点的水貂群或品系。在水貂选配中，是使用相同品系或貂群的个体相配，还是使用不同品系或貂群的个体相配，其后果大不相同。为了更好地进行水貂育种工作，除了应根据相配个体的品质对比、亲缘关系和亲合力等的不同来妥善地进行个体选配外，还必须根据相配个体所隶属的品系或貂群的特性和配合力等的不同，来合理而巧妙地进行种群选配。这样，才能更好地组合后代的遗传基础，塑造出更符合人们理想要求的个体或貂群，或充分利用其杂种优势。

种群选配可分为纯种繁育和杂交繁育两大类。纯种繁育是指在本种群范围内，通过选种选配、品系繁育、改善培育条件等措施，以提高种群性能的一种方法。其基本任务是：保持和发展一个种群的优良特性，增加种群内优良个体的比重，克服该种群的某些缺点，达到保持种群纯度和提高整个种群质量的目的。杂交繁育是选择不同种群的个体进行配种。按照杂交目的的不同，可将其分为经济杂交、引入杂交、改良杂交和育成杂交等几种。经济杂交的目的是为了利用杂种优势，提高水貂的经济利用价值；引入杂交的目的是引入少量外血，以加速本品种个别缺点的改进；改良杂交的目的是利用经济价值高的种群来改良经济价值低的种群，以提高其生产性能，甚至改变其生产方向；育成杂交的目的是为了育成一个新种群。通常经济杂交与改良杂交常有转变为育成杂交的情况。由于育种的目的不同，在水貂育种中常采用不同的种群选配方法，有时也需要几种方法结合起来。

八、品系育种技术

品系育种是为了达到某个育种目的采取的交配方法是近亲育种中的一种。进行品系育种，首先，要有少量的优良种貂，最好是 1 只优秀的公貂。这只公貂的优秀遗传性是将要育成品系的基础。其次，选出几只优良的母貂，与公貂一起作为育种的原始亲本。最后，得到后代后，在后代之间进行近交，如半同胞交配。在品系育种时，一般较少采用更近的近交，以控制近交衰退的产生。此后，再进行适当的近交，使优良性状得到稳定遗传，整个种群质量趋向一致。经过 4 ~ 5 代，可以获得一群质量优良的水貂。

品系育种有 3 点区别于一般的近亲交配：第一，它必须有少量的优良种貂作为育种的亲本。在育种的种群中，优良亲本的遗传性尽可能占较大的比例。第二，不采用过于近的近亲交配，要控制近亲系数（最高控制在0.3左右），不使其出现明显的或严重的近亲衰退。第三，必须进行严格的选择，淘汰那些不合乎要求的、繁殖力有所下降的个体。没有严格的淘汰，是形不成优良的品系的。

九、杂交育种技术

杂交产生杂种优势，对提高生产能力有重大意义。近几十年来，在动物生产中广泛利用杂交，对提高畜产品的产量起到了重要作用，形成了多种多样的杂交系统。虽然获得杂种优势的杂交系统种类很多，但作为基础的是两系杂交。两系杂交的方法，是选取连个不同品种或品系的动物配合杂交，它们的杂种一代表现出杂种优势，只用作生产，不留作种用。留作种貂的是杂交亲本的两个纯系，这两个系要经过试验表明有良好的配合力。为了发挥杂种一代繁殖力的杂种优势，可以在杂种一代中选取优良的母貂，再用它同另一个系中选取的公貂交配，这种方法称为三系杂交。例如，在水貂生产中，可以选取国内有相当饲养历史的水貂，经过品系育种，育成一个品系；再在引进的优良种貂中育成一个品系，进行交配，作两系杂交；然后在它们的后代中选取母貂，再同另一个引进的、经过培育的品系作三系杂交。在杂交过程中，这3个系都要进行纯繁，保持杂交所必需的数量。

进行这样的杂交，是为了利用杂种优势提高生产。但有以下几点应说明：第一，杂交亲本应当是纯系，而不能本身就是杂交后代；第二，杂交后代中只有第一代能表现出良好的杂交优势，所以都不能留作种用；第三，杂交优势并不表现在影响毛皮质量的各种性状上。因此，要获得质量好的毛皮，必须两个亲本都具有优良的毛皮品质。杂种一代的毛皮品质，取决于两个亲本的遗传性及其组合。要提高水貂的繁殖力（群平均产仔数），利用杂交优势是一个有希望的途径。

十、改良杂交技术

常常有这样的情况，某一个水貂场或某一地区的水貂群毛皮品质较差，亟待改善，因而从外面引进少量品质优秀的水貂，同本场或本地区的水貂杂交，通过杂交改良原有的貂群。这种杂交可以称为改良杂交，改良杂交的主要方法是级进杂交。级进杂交的内容是：把本场、本地区的水貂反复几次同引进的两种水貂杂交，以良种水貂的遗传性取代原有的遗传性，使本场、本地区的水貂达到良种水貂的水平。育种进程是：引进优秀的良种公貂，同本场、本地区经过选择的母貂交配，得到杂种一代；从杂种一代中选择最优秀的母貂，再同引进的良种水貂群中的公貂交配，得到杂种二代。杂种二代已有75%的基因来自良种水貂，杂种二代再同良种水貂杂交，使杂种三代已达93.75%。因此，到杂种四代或五代，良种水貂的遗传性已基本取代了原有的遗传性，毛皮品质可提高到接近于良种水貂的水平。

十一、新品种培育技术

育成一个新品种，需要经过杂交和近交两个阶段。当养貂工作者想要培育一个新品种时，他必须要求新品种具有优良性状的新的组合。而这些优良性状，可能分别为不同的水貂品种所具有。培育新品种的第一步，是使具有这些优良性状的不同品种的貂杂交，通过杂交把两个（或两个以上）品种各自的优秀基因，组合在一个个体的基因型中。但这仅仅是第一步，因为基因组合在一起有相互的作用，它对性状的表达是复杂的。譬如说，如果某些优秀基因是隐性的，那么这些性状在杂交后不会在杂种上表达出来。进一步的、更复杂的、时间更长的育种工作，是要通过杂交后代的适当的近交，使之发生分立，在分立的群体中，选择符合于育种目的的个体。由于分离过程复杂，这种近交或在群体内的交配和选择，往往要经过几代甚至十几代的选择，才能得到符合于育种目的的、性状稳定的新品种群体。在这个过程中，可能需要进行必要的杂交。目前饲养的优良水貂，也是经过了这样的长期育种过程的。水貂是从野生状态来的，并没有形成品种（品种是在人工饲养下育成的），但在北美，由于分布区域和生态条件的差异，水貂有许多亚种。这些亚种有各自的特点，例如，原产于阿拉斯加育空地区的亚种，体型大；原产于加拿大魁北可东部地区的亚种，毛皮品质好，毛色深。据记载，家养水貂是由亚种间的杂交形成的，前后有 6 个亚种参加了杂交，又经过相当时期的选择和适当的交配，才育成现在的优良水貂。这个过程，也就是将来育成新的水貂品种的途径。

● （一）一对基因彩貂的繁育技术 ●

彩色水貂是标准水貂（黑褐色）的突变型。现在已出现30多个毛色突变基因，通过各种组合，使水貂的毛色达到100多种。彩色水貂的毛皮，色泽鲜艳，绚丽多彩，有较高的经济价值。各国均在大力繁育和发展。美国的彩色水貂曾一度占总貂群的65%，目前还占50%左右。日本也曾高达87%以上。我国彩色水貂的数量，由于前几年毛皮市场不景气而急剧下降，有些色型甚至全部遭到淘汰。

归纳各种水貂的基因型，大体可分为隐性型、显性型、隐性与显性杂合型3类。其中，前两种基因型都是纯合的，进行纯种繁育，所得到的后代的基因仍是纯合的，其毛色表现型也与双亲一致，并不发生分立现象，如银蓝（pp）×银蓝（pp）——银蓝（pp）。在具备足够数量的种源，能够正常繁育的情况下，可以进行彩貂的纯种繁育；但在种源不足，又需迅速扩大彩貂群，或彩貂生活力弱、适应性差、繁殖成活率低，以及培育新色型彩貂的情况下，就必须进行杂交繁育。后一类基因型的彩貂的繁育比较复杂，一般貂场难以进行，这里不作介绍。

1对基因彩貂的繁育，主要是本色型的增殖扩繁，也可以通过不同色型杂交，培育2对基因色型的彩貂。

1. 对隐性基因彩貂的繁育

（1）同色型纯种繁育。隐性遗传基因彩貂基因型都是纯合的，同色型配纯种繁育不仅能保持色型和基因型不变，而且不会出现分离现象（图6－1）。个别色型如白化水貂、蓝宝石水貂纯种繁殖时后代生活力降低，则不宜同色型选配。

图 6－1　银蓝色水貂同色型纯繁示意

（2）1 对隐性基因的彩貂与标准水貂杂交繁育。1 对隐性基因彩貂同标准貂选配，子一代均为表型黑褐色的杂合型标准貂（图 6－2）。

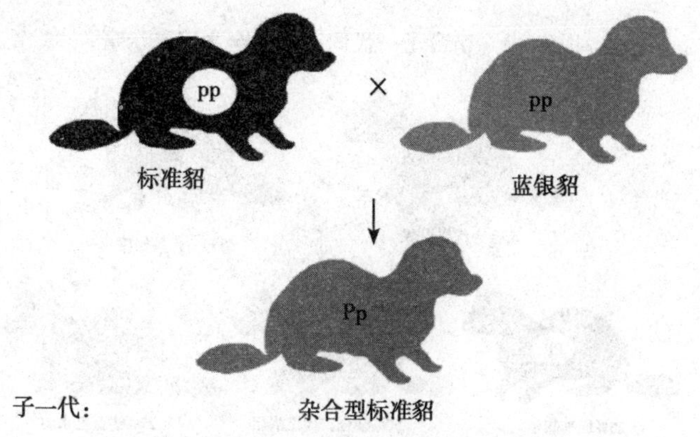

图 6－2　银蓝色水貂同标准杂交子一代示意

把子一代杂合标准貂同单隐性彩貂亲本回交，子二代中表型黑褐色杂合标准貂与单隐性亲本彩貂各占 50% 的比例（图 6－3）。

杂合一代黑褐貂相互横交，子二代将分离出标准貂、杂合型标准貂和亲本彩貂 3 种色型，各占 25%、50%、25% 的比例（图 6－4）。

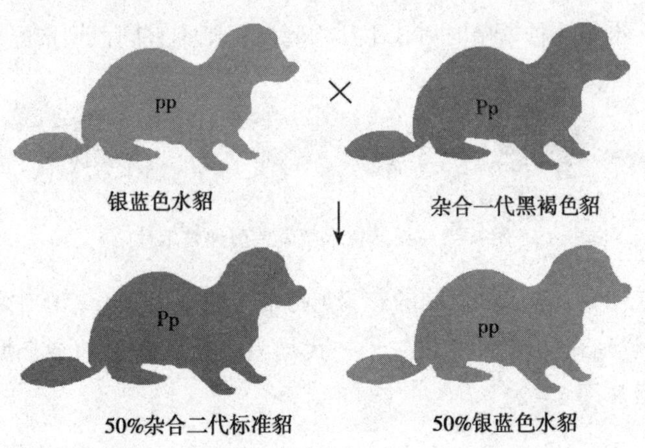

图 6－3　杂合子一代同银蓝色亲本回交示意

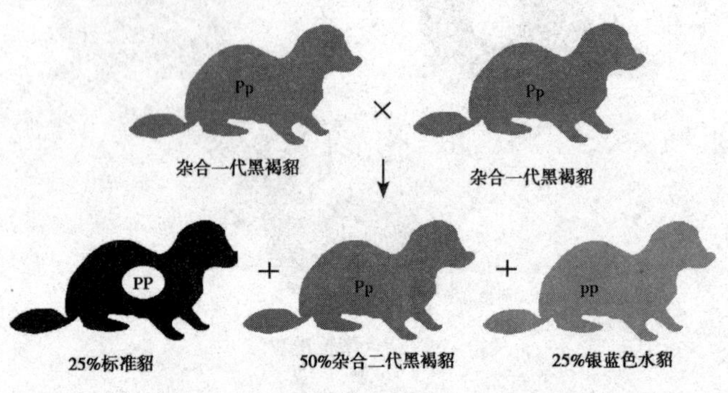

图 6－4　杂合子一代相互横交示意

子二代所分离出的标准貂和杂合型黑褐貂从表型上易区分，所分离出的亲本彩貂比例又低，故生产上不主张采取这种方式来扩繁彩貂。但分离出的彩貂生命力得到提高。

（3）异色型单隐性彩貂之间杂合繁育。异色型单隐性彩貂的杂合，可以把 2 对不同的隐性基因组合在一起，按照自由组合的定律在第二代中获得双隐形基因型的新型彩貂。如银蓝色水貂与青蓝色水貂杂交，在第二代中可分离出蓝宝石水貂（图6－5）。

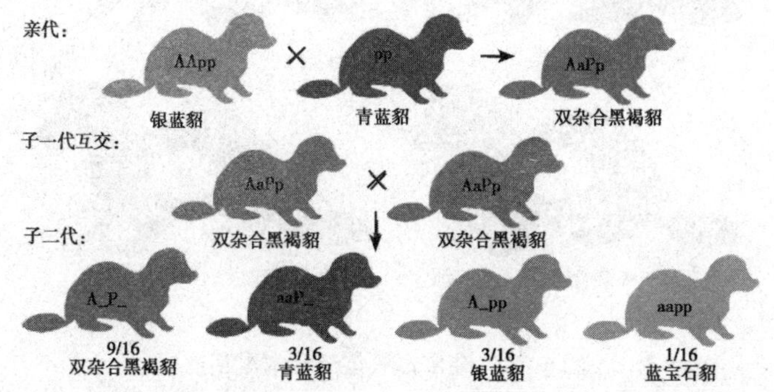

图6－5　银蓝色水貂、青蓝色水貂组合蓝宝石水貂示意

2. 对显性基因彩貂的繁育

由于显性基因只要有1个基因就可以在杂合子表型上表现出来，因此，显性突变的彩貂不论是相互交配，还是同标准貂交配，都能得到显性基因毛色的彩貂。

（1）本黑水貂的繁育。本黑水貂互交：

A：纯合本黑互交，后代100%纯合本黑（图6－6）。

图6－6　纯合本黑互交

B：纯合本黑与杂合本黑互交，后代纯合本黑与杂合本黑各占50%（图6－7）。

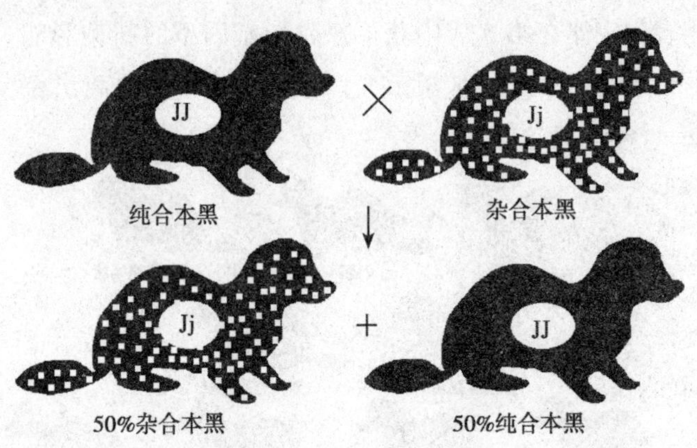

图6－7　纯合本黑与杂合本黑互交

C：杂合本黑与杂合本黑互交，后代25%纯合本黑、50%杂合本黑、25%标准貂（图6－8）。

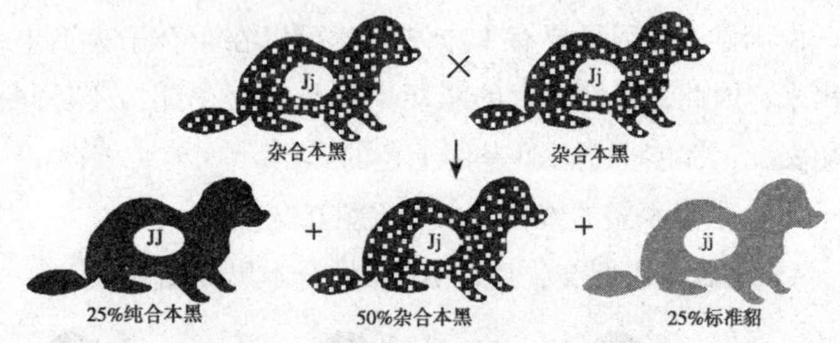

图6－8　杂合本黑与杂合本黑互交

本黑水貂与标准貂杂交：

A：纯合本黑与标准貂杂交，后代100%杂合本黑（图6－9）。

B：杂合本黑与标准貂杂交，后代杂交本黑与标准貂各占50%（图6－10）。

图 6-9 纯合本黑与标准貂杂交

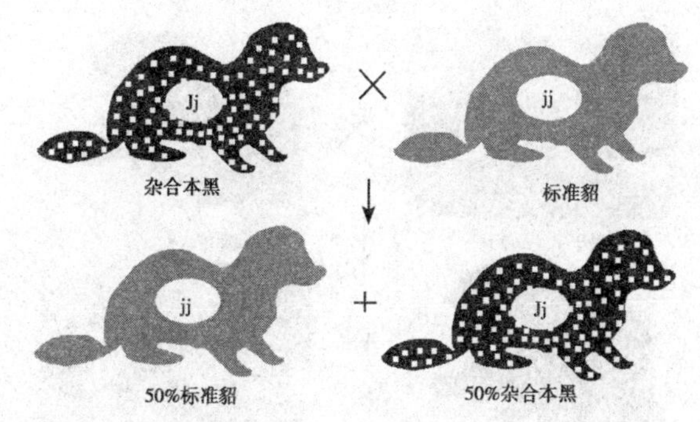

图 6-10 杂合本黑与标准貂杂交

（2）黑十字水貂的繁育。黑十字水貂属杂合型显性基因，只有杂合情况下（Ss）才表现黑十字色型。黑十字显性基因纯合的个体（SS）被称为显性白貂，但其本身个体较小、十字型斑纹明显减少且不规则，繁殖成活率又低，故不提倡进行纯种繁殖。国外有些材料报道显性白貂不能正常繁殖，但国内原金州水貂场未出现这种情况，显性白水貂与标准貂杂交仍然有较高的繁殖成活率（胎平均成活数 5.66 只 ± 1.72 只），且后代均为色型较标准的黑十字貂（图 6-11）。

黑十字水貂与标准貂杂交繁育时，杂交后代中出现标准和黑十字貂的比例各为 50%（图 6-12）。

如果黑十字水貂互相交配，虽然也可以获 50% 的黑十字

图 6－11　显性白水貂与标准貂杂交

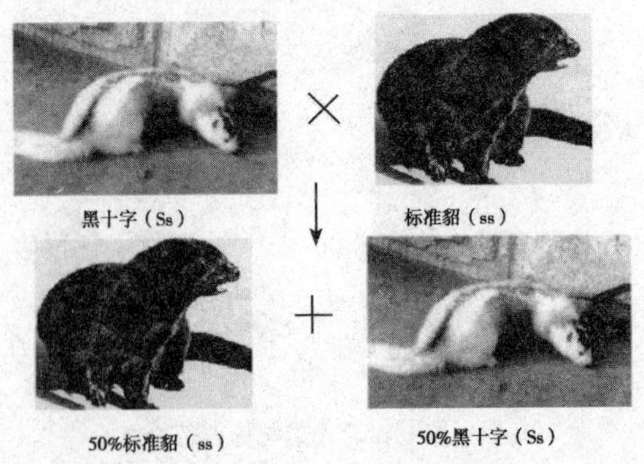

图 6－12　黑十字水貂与标准貂杂交繁育

水貂，但将出现 25% 的显性白水貂、25% 的标准貂（图 6－13）。

黑十字水貂可以与其他隐性突变型彩貂杂交，杂种一代为表型黑十字杂交水貂和黑褐杂合水貂各 1/2；子一代表型黑十字杂合水貂互交，子二代可分离出彩色黑十字水貂（图 6－14）。

图 6－15 中基因型 Sspp 的个体即为银蓝色并带有黑十字花纹的彩色十字貂。

同样，黑十字水貂（SsAAPP）与蓝宝石水貂交配（ssaapp）子一代黑褐色杂合貂（ssAaPp）与黑十字杂合貂（SsAaPp）各 50%，子一代黑十字杂合貂（SsAaPp）互交，子二代可分离出蓝宝石十字貂（Ssaapp）。

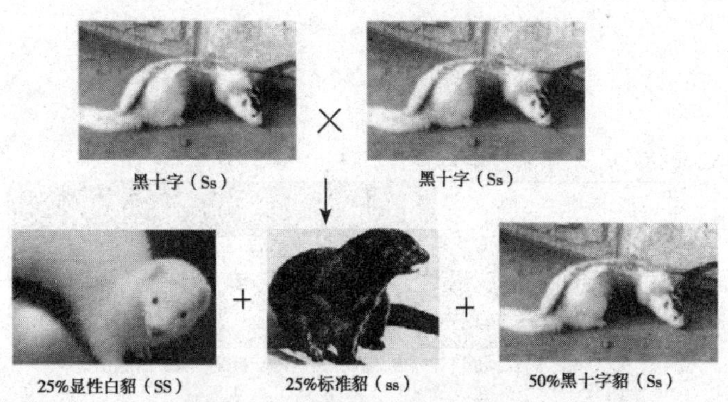

图 6－13　黑十字水貂互交繁育

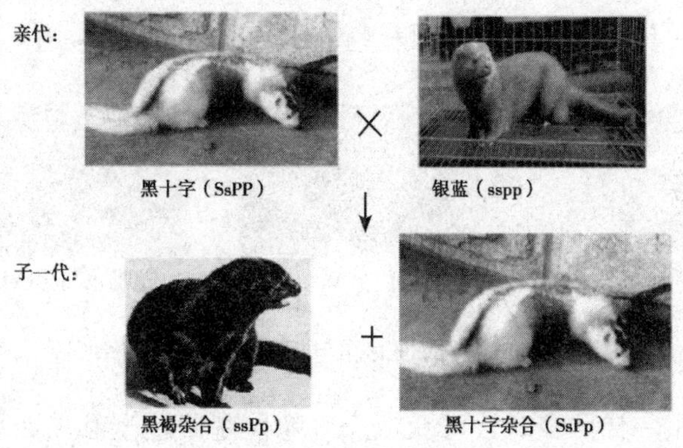

图 6－14　黑十字水貂与银蓝色水貂杂交

（二）两对基因彩貂的繁育技术

2 对基因彩貂多数为隐性基因，其繁育方式如下。

1. 同色型纯繁

2 对隐性基因彩貂同色型纯繁，后代均为亲本的色型，不出现分离现象。

2. 双隐形基因色型与含其中同一色型的单隐性基因型杂

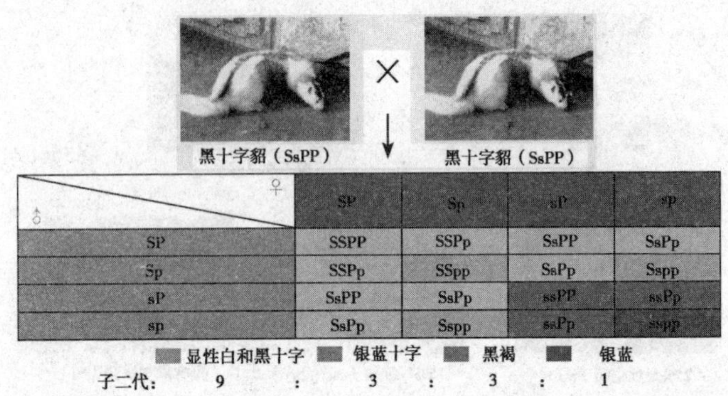

图 6－15　子一代黑十字杂合横交分离出彩色银蓝十字水貂

交子一代均为单隐性基因彩色水貂表现型（图 6－16）

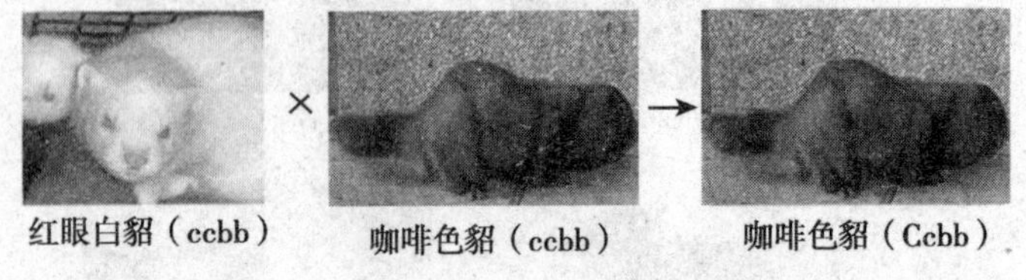

图 6－16　双隐性彩貂与相同单隐性彩貂杂交

子一代回交时，可获 1/2 双隐性基因色型和 1/2 单隐性基因色型和 3/4 单隐性基因色型（图 6－17）。这种繁育方法，后代皆为彩色水貂类型，利于批量生产彩色水貂皮产品并增加经济效益。如银蓝色水貂（pp）和蓝宝石水貂（aapp），米黄色水貂（bpdp）、银蓝色水貂（pp）与珍珠色水貂（ppbpbp），咖啡色水貂（cc）与丹麦红眼白貂（ccbb），均适宜此杂交方式。

3. 双隐性基因彩色水貂与标准水貂杂交子一代均为黑褐色杂合水貂（图 6－19）

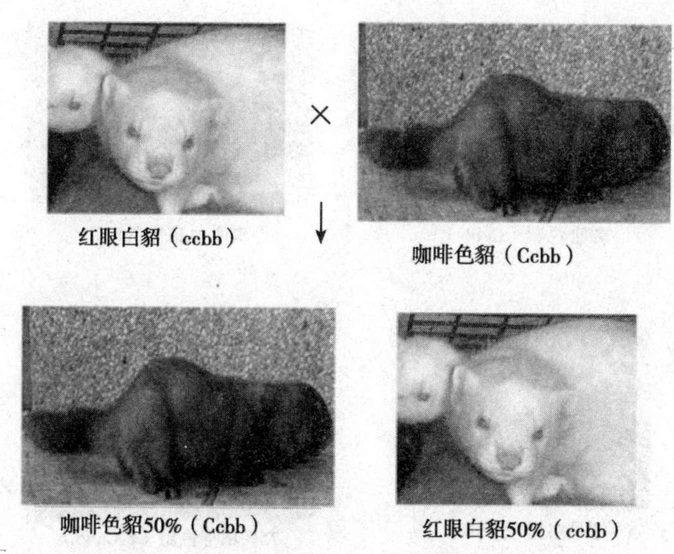

图 6-17　双隐性彩貂与相同单隐性彩貂杂交
F_1 回交的分离现象

子一代回交时表型黑褐、组成双隐性基因的单隐性基因色型和双隐性基因型彩貂 4 种色型各占 25%（图 6-20）。子一代横交时，会出现表型黑褐色、组成双隐性彩色水貂的单隐性基因色型和双隐性基因型彩貂 4 种色型，其比例为 9∶3∶3∶1（图 6-21）。

4. 双隐性毛色基因彩貂与无相同基因的单隐性毛色基因彩貂间的杂交子一代全部为黑褐色杂交水貂（图 6-22）

子一代横交时，子二代出现 8 种表现型，并分离出 3 对隐性基因的新色型彩貂（图 6-23）。子一代与双隐性基因亲本回交，子二代出现 4 种表现型（图 6-24）。与单隐性基因亲本回交，子二代出现 2 种表现型（图 6-25）。

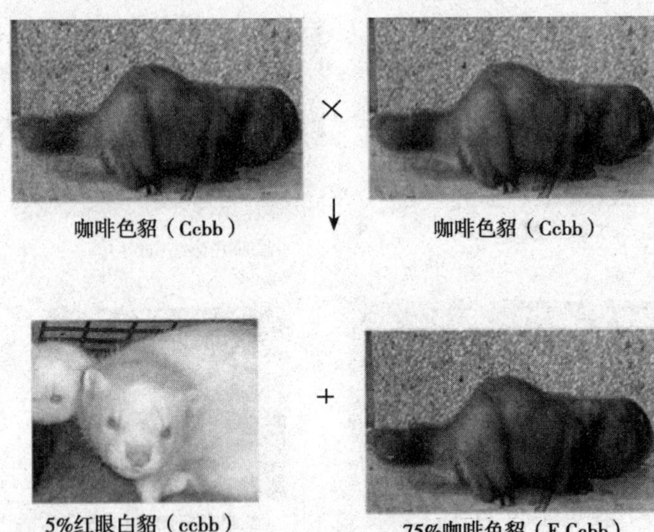

图 6－18　双隐性彩貂与相同单隐性彩貂杂交 F_1 横交时的分离现象

图 6－19　双隐性基因彩色水貂与标准水貂杂交子一代为表型黑褐色

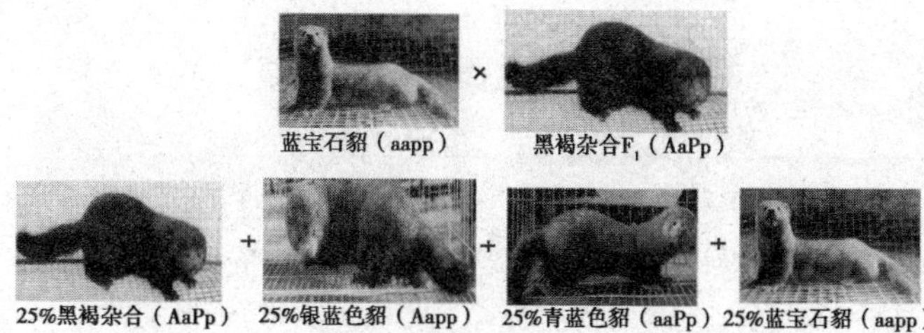

图 6－20　双隐性基因彩色水貂与标准水貂杂交 F_1 回交时毛色分离现象

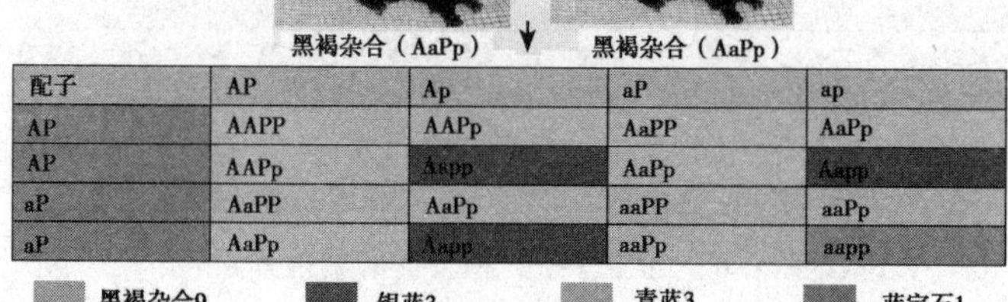

配子	AP	Ap	aP	ap
AP	AAPP	AAPp	AaPP	AaPp
AP	AAPp	Aspp	AaPp	Aapp
aP	AaPP	AaPp	aaPP	aaPp
aP	AaPp	Aapp	aaPp	aapp

黑褐杂合9　银蓝3　青蓝3　蓝宝石1

图 6－21　双隐性基因彩色水貂与标准水貂杂交 F_1 横交毛色分离现象

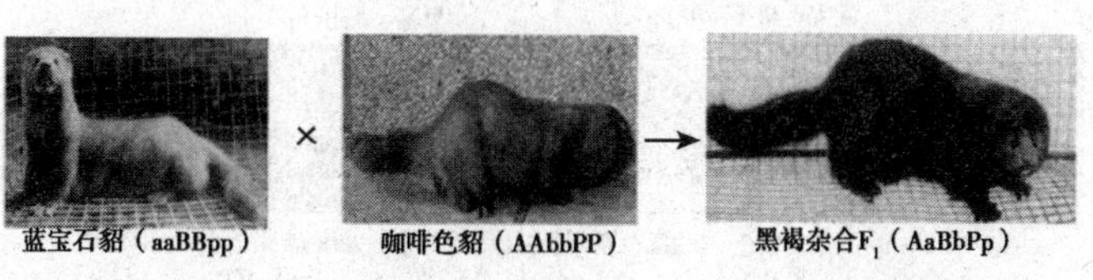

图 6－22　双隐性彩貂与无相同基因单隐性彩貂杂交

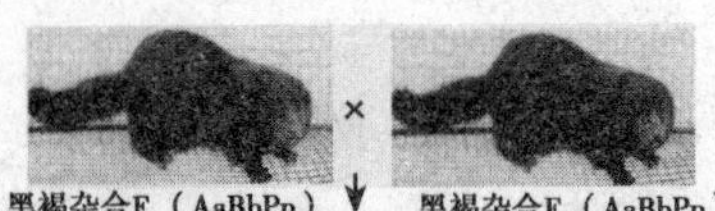

黑褐杂合F_1（AaBbPp）　　黑褐杂合F_1（AaBbPp）

配子	BPA	Bpa	BpA	BpA	bPA	bPa	bpA	bpa
BPA	BBPPAA	BBPpAa	BBPpAA	BBPaAa	BbPPAA	BbPPAa	BbPpAA	BbPpAa
Bpa	BBPpAa	BBppaa	BBPpAa	BBppaa	BbPpAa	BbPpaa	BbppAA	BbPpaa
BpA	BBPpAA	BBppAa	BBppAA	BBppaa	BBPpAA	BbPpAa	BbppAA	Bbppaa
BPa	BBPPAa	BBPpaa	BBPpAa	BBPpaa	BbPPAa	BbPPaa	BbPpAa	BbPaaa
bPa	BbPPAA	BbPpAa	BbPpAA	BbPpAa	bbPPAA	bbPPAa	bbPpAA	bbPpAa
bPa	BbPPAa	BbPpaa	BbPpAa	BbPaAa	bbPpAa	bbPPAA	bbPpAa	bbPpaa
bPa	BbPpAA	BbppAa	BbppAA	BbppAa	bbPpAA	bbPpAA	bbppAA	bbppaA
bpa	BbPpAa	Bbppaa	BbppAa	Bbppaa	bbPpAA	bbPpAA	bbppAa	bbppaa

黑褐杂合	青蓝色	银蓝色	咖啡色	亚麻色	依立克	蓝宝石	冬蓝色
B_P_A_	B_P_aa	B_ppA_	BB_PpA_	bbpA_	bbP_aa	B_ppaa	bbppaa
27 :	9 :	9 :	9 :	3 :	3 :	3 :	1

图 6－23　双隐性毛色基因彩貂与相同基因的单隐性毛色基因彩貂间的杂交子一代横交时的毛色分离

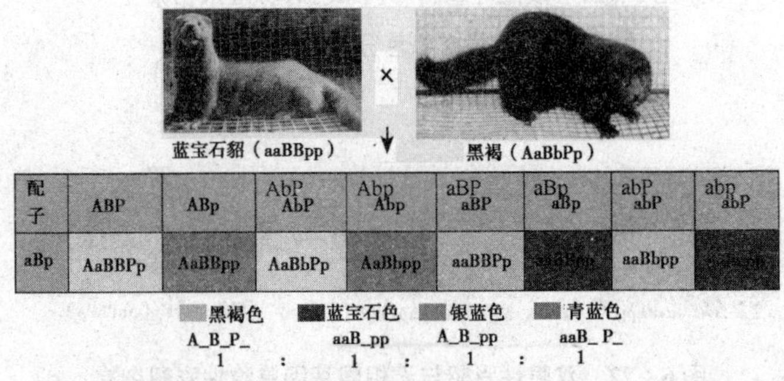

蓝宝石貂（aaBBpp）　　黑褐（AaBbPp）

配子	ABP	ABp	AbP AbP	Abp Abp	aBP aBP	aBp aBp	abP abP	abp abP
aBp	AaBBPp	AaBBpp	AaBbPp	AaBbpp	aaBBPp	aaBBpp	aaBbpp	[illegible]

黑褐色	蓝宝石色	银蓝色	青蓝色
A_B_P_	aaB_pp	A_B_pp	aaB_ P_
1 :	1 :	1 :	1

图 6－24　子一代与 2 对隐性基因毛色亲本回交时的毛色分离

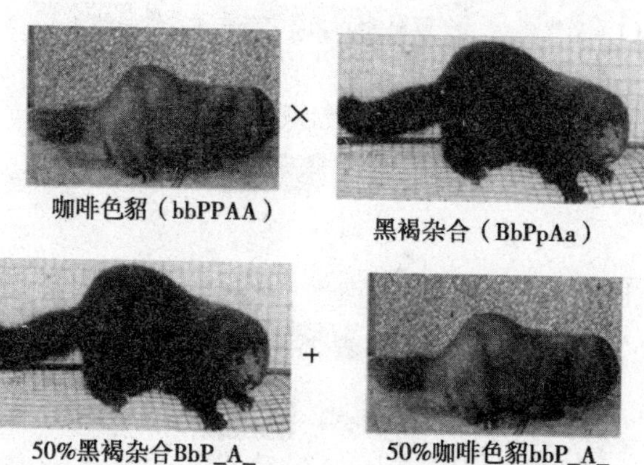

图6－25　子一代与单隐性基因毛色亲本杂交时的毛色分离

（三）三对基因彩貂的繁育技术

3对基因彩貂的繁育以同基因型纯种繁育为主，后代不出现分离。如果有必要采取杂交方式扩繁3对隐性基因的彩貂，则应让3对隐性基因的彩貂与具有相同1对或2对隐性基因的彩貂杂交，再让杂交一代与3对隐性基因的彩貂回交，这样可以提高3对隐性基因的彩貂的分离比例，加快扩繁速度。如以扩繁冬蓝色水貂为例，可优选下列杂交组合（图6－26）。

上述杂交组合显然要比双隐性毛色基因彩貂与无相同基因的单隐性毛色基因彩貂间的杂交（如蓝宝石貂与咖啡色貂杂交间图6－22，图6－23）分离3隐性彩貂的比例提高。后者冬蓝貂的分离比例仅1/64，这种繁育既不经济，效果亦差。

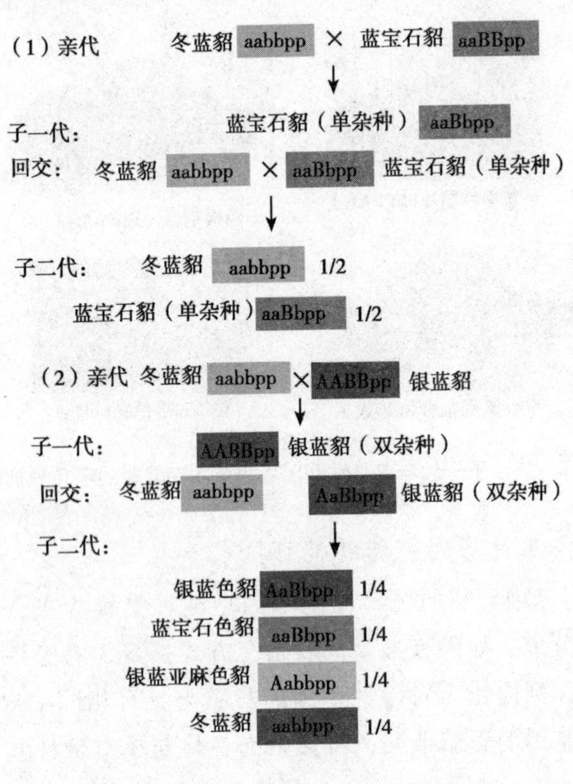

图 6－26　扩繁冬蓝色貂杂交组合

（四）组合新色型的繁育技术

如果场内已养有单隐性基因或双隐性基因彩貂，可以用异色型单隐性基因彩貂杂交，再由杂种一代横交，子二代中可分离组合出兼具这两种单隐性基因的双隐性基因彩貂；同理用具有不同 3 种单隐性基因的两种彩貂杂交，再由杂种一代横交，子二代中可分离组合出兼具这 3 种单隐性基因的 3 隐性基因彩貂。获得 3 隐性基因个体后，再采取纯繁或优化杂交组合加速新色型彩貂的扩繁。

水貂各基本色型间互交，子一代表型毛色汇总见表。

表 水貂基本色型之间互交子一代表型毛色

色型	纯合本黑	杂合本黑	标准貂	显性白	黑十字貂	红眼白貂	黑烟白貂	银蓝貂	青蓝貂	蓝宝石貂	米黄色貂	珍珠色貂	咖啡色貂
纯本黑	纯本黑	纯、杂本黑各半	杂合本黑	×	×	×	×	×	×	×	×	×	—
杂本黑	纯、杂本黑各半	纯、杂本黑、标准：1:2:1	杂本黑、标准各半	黑十字	黑十字、标准各半	标准貂	标准貂	标准貂	标准貂	标准貂	标准貂	标准貂	标准貂
显性白	×	×	黑十字	显性白	显性白、黑十字各半	×	×	黑十字	黑十字	黑十字	黑十字	黑十字	黑十字
黑十字貂	×	×	黑十字、标准各半	显性白、黑十字各半	纯杂、黑十字、标准：1:2:1	×	×	黑十字、标准各半	黑十字、标准各半	黑十字、标准各半	黑十字、标准各半	黑十字、标准各半	黑十字、标准各半
红眼白貂	×	×	标准貂	×	×	红眼白	标准貂	标准貂	标准貂	标准貂	标准貂	标准貂	咖啡貂
黑眼白貂	×	×	标准貂	×	×	标准貂	黑眼白	标准貂	标准貂	标准貂	标准貂	标准貂	标准貂
银蓝貂	×	×	标准貂	黑十字	黑十字、标准各半	标准貂	标准貂	银蓝貂	标准貂	银蓝貂	标准貂	银蓝貂	标准貂
青蓝貂	×	×	标准貂	黑十字	黑十字、标准各半	标准貂	标准貂	标准貂	青蓝貂	青蓝貂	标准貂	标准貂	标准貂
蓝宝石貂	×	×	标准貂	黑十字	黑十字、标准各半	标准貂	标准貂	银蓝貂	青蓝貂	蓝宝石貂	标准貂	标准貂	标准貂
米黄色貂	×	×	标准貂	黑十字	黑十字、标准各半	标准貂	标准貂	标准貂	标准貂	标准貂	米黄貂	米黄貂	标准貂

（续表）

色型	纯合本黑	杂合本黑	标准貂	显性白	黑十字貂	红眼白貂	黑烟白貂	银蓝貂	青蓝貂	蓝宝石貂	米黄色貂	珍珠色貂	咖啡色貂
珍珠色貂	×	×	标准貂	黑十字	黑十字、标准各半	标准貂	标准貂	银蓝貂	标准貂	银蓝貂	米黄貂	珍珠貂	标准貂
咖啡色貂	×	×	标准貂	黑十字	黑十字、标准各半	咖啡貂	标准貂	标准貂	标准貂	标准貂	标准貂	标准貂	咖啡貂

综合新色型的繁育，需要有较大规模的彩貂群体才能发挥作用。一般非大型育种场不宜采用，否则，不仅因规模小而欲速不达，杂交种所生成的大量杂合黑褐色貂，毛色也不纯正，反而影响经济效益。

第三节　水貂繁殖关键技术

母水貂在一个发情季节里的第一次达成的交配叫做初配，第二次及以后达成的交配称复配。在正常饲养管理条件下，水貂配种从什么时候开始主要受光周期变化的制约，当春季日照延长到超过 11 个小时就具备了交配能力。在水貂能够正常繁殖的地理纬度内，低纬度地区 11 小时日照比高纬度地区来得早一些。所以，配种开始的时间也比高纬度地区早些，但是低纬度地区水貂的产仔日期与高纬度地区貂相近。

早配种势必延长受精卵的游离期（滞育期），增加胚胎被吸收和流产的机会，因而减少产仔数，增加空怀。实践证明，在本场水貂发情旺期来临前的 7 ~ 10 日开始配种较为适宜。配种期历时约 20 天。

一、发情鉴定技术

发情鉴定主要是通过一定的方法判断水貂是否处于发情阶段，从而决定是否放对配种。这是水貂配种技术中的关键步骤。如判断不准确，不是耽误水貂及时配种，就是使发情不好的水貂强行配种而导致其拒配或空怀。

公貂发情时，兴奋不安，常徘徊于笼内，食欲不振，经常发出求偶的“咕咕”叫声，性情比平时温顺，睾丸明显增大、下垂，触摸时有弹性。

母貂发情时，通常有如下几种鉴定方法。

1. 观察行为变化

发情母貂食欲不振，活动频繁，不安，经常躺卧在笼底蹭痒，排绿色尿液，一遇见公貂则表现兴奋和温顺，并发出“咕咕”的叫声。

2. 观察外阴部变化

母貂休情期外阴部紧闭，挡尿毛呈束状覆盖外阴部。发情时，外阴因肿胀充血而变化较大，可分为 3 个阶段。

（1）发情初期：挡尿毛逐渐分开，阴唇微肿胀充血，呈粉红色，黏膜干而发亮。此期拒配或交配也不排卵。

（2）发情持续期：阴唇肿胀，明显外翻成四瓣，椭圆形。黏膜湿润有黏液，呈粉白色。此期易交配并能排卵。

（3）发情后期：外阴部逐渐萎缩、干枯，黏膜干涩，有皱褶、无黏液；挡尿毛逐渐收拢。但是，有很多母貂未等恢复原状又进入了第二个发情周期。

应用这种方法进行发情鉴定时需注意以下几点：一是抓貂的姿势应正确。一只手抓颈，使其后腹部向上，头向下；另一只手抓住臀部和尾巴，使尾自然下垂，两后腿自然分开，然后仔细观察。切忌用手把尾巴拉直，把两后腿强行拉开，使观察结果不准。二是不同色型母貂发情时外阴肿胀程度有差别。很多黑眼白貂（海特龙）和少量黑眼白貂与标准貂的杂种母貂，只有在外阴肿胀得特别明显，好像从皮肤上突起的一粒豌豆时，才处于发情旺期，愿接受交配。也有的母貂，在发情时外阴部没有明显变化，称为“隐性发情”。以红眼白貂（帝王白）比较常见。三是排除各种因素的干扰。肥胖的母貂发情时，外阴部表现一般总不如瘦貂明显；母貂挣扎时会暂时性地把阴唇外翻得很大；刚刚排完尿时挡尿毛可能会粘在一起，造成发情表现差于实际状况的假象。初养者还可能错误地将尿液看作是发情期间分泌的黏液，把萎缩期看作是发情的第二期至第三期。

第一次发情鉴定，应在 2 月下旬开始进行。每只母貂都要进行鉴定，鉴定后在窝箱和记录本上记录检查日期和结果。以后每隔 2 ~3 日进行 1 次。变化显著的，更要注意每天检查；变化缓慢的，可间隔几天后再检查。外观有发情的行为表现，但外阴一直没有变化的母貂，可能是隐性发情，应进行试情。

3. 放对试情

当母貂阴门有明显发情变化时，将其放入公貂笼中，观察和判断母貂的发情程度，称为放对试情。发情的母貂，被公貂追逐时无敌对行为，且与之嬉戏；当公貂爬跨时，尾巴翘向一边，温顺地接受交配；有的虽然害怕或躲避公貂，但不向公貂进攻。未发情或发情不够的母貂，放对时表现敌对行为，抗拒公貂的追逐和爬跨，向公貂头部进攻或躲立笼角发出刺耳的尖叫声。见此情况应立即抓出母貂，放回原笼内，勿使母貂受到惊恐刺激，待发情好时再试配。

上述几种方法应结合进行，但要以检查外阴变化为主，以放对试情为准。只有在检查外生殖器有明显变化时，或有其他发情表现时，方能进行放对试情，这样可以避免盲目性。而放对试情又是对外生殖器检查结果的实际检验，因此，可以使发情鉴定更为准确。

4. 阴道上皮细胞图像检查方法

水貂阴道黏膜细胞在发情期有一定的规律性，可作为检查隐性发情或外观鉴定不准时的辅助方法。具体方法是，用滴管先吸少量清洁水，插入母貂阴道吸取内容物少许，涂于载玻片上，用普通显微镜放大400倍观察。根据阴道内容物细胞的形态变化，可分为4个时期。

（1）休情期：视野中可见大量小而透明的白血球，无脱落的上皮细胞核角化细胞。

（2）发情前期：视野中的白血球减少且出现较多的多角形角质化细胞。

（3）发情旺期：视野中无白血球，具有大量的多角形有核角质化细胞。

（4）发情后期：视野中可见角质化细胞崩解成碎片，并有白血球出现。

二、放对方法

一般是把发情好的母貂放入公貂笼中，因公貂习惯于自己的笼舍环境，可减少交配的时间。其方法是，用手把握母貂颈部，在公貂笼外逗引公貂，观察公貂的性欲。如公貂有求偶表现，再将母貂颈部递给公貂，待公貂叼住母貂后颈后再慢慢松手。遇有公貂求偶急切，行为暴躁时，亦可把公貂移入母貂笼内交配。如放对后公母貂在笼中拼命撕咬，母貂站立尖叫拒配，或公貂以头部或臀部撞击母貂，把母貂往角落处挤，应立即抓出母貂，以免咬伤。有的母貂择偶性较强，如其发情较好但不接受个别公貂交配时，要适当给其另择公貂交配。

水貂交配时，公貂叼住母貂后颈皮肤，前肢紧抱母貂腹部，下腹部紧贴在母貂臀部，后驱向前抖动，母貂将尾甩向一边。公貂阴茎置入阴道后，其腰部弓成直角，母貂侧卧或移动时，公貂也随同移动，说明已达成交配。公貂射精时两眼迷离，臀部用力向前推进，母貂发出低吟声。配种结束后，公貂表现口渴，母貂外阴红肿、湿润。

交配时间短者为 2 ~ 5 分钟，长者达数小时，一般为 30 ~ 50 分钟。愈到配种后期，交配时间越长。交配时间 10 分钟以上，并观察到公貂有射精动作者，视为有效。

在公貂交配过程中，要正确辨明真配和假配。若公貂后躯部不能长时间与笼网呈直角或锐角；走动时，公貂后躯与母貂后臀部分开；从笼网下往上观察，可见公貂阴茎露在母貂体外，则为假配。此外，在放对过程中，如公貂紧抱母貂，母貂先是很温顺，但突然高声尖叫，拼命挣脱时，可能是公貂阴茎误入母貂肛门，应立即强迫公母貂分开，否则易造成母貂直肠穿孔而引起死亡。这样的母貂，再放对时应更换公貂，或用胶布将母貂肛门暂时封上。

一旦达成交配，要做好记录。交配结束后，必须立即进行精液品质检查，然后将母貂放回原笼。

三、配种方式

根据发情季节母貂的生殖特点，为了确保母貂受孕和多产仔，不能采用1次配种的方式，而应在初配后再复配1～2次。目前，水貂的配种方式多分为同期复配和异期复配两种。

1. 同期复配母貂在1次发情持续期内连续两天或隔1天交配（简记为1+1或1+2），称为同期复配，也称为连续复配。

2. 异期复配母貂在配种季节首次配种后（配1次或连续两天共配两次），隔7～9天又交配1～2次完成配种的，称为异期复配［简记为1+（7～10），1+1+（7～9）+1或1+（7～9）+2，1+1+（7～9）+2］。

个别母貂（占3%～5%）初配后不再接受复配，因而自然形成1次交配。

四、配种阶段的划分

生产上为便于管理，常将整个配种期划分为3个阶段。

1. 初配阶段

从开始配种到发情旺期来临前这段时间，称为初配阶段。东北地区从3月5日左右开始，往南可适当提前，历时为7～10天。这个阶段的任务是已发情的母貂全部达成1次交配，要求初配母貂数能达到全群母貂的80%左右。对部分不发情或错过发情期的母貂，不要急于求成，强迫配种，可放在复配阶段去完成。此期的另一个任务是训练青年公貂。

2. 复配阶段

也称配种旺期。东北地区为3月12—19日，历时7～10天。此阶段的任务是将初配过的母貂复配1～2次，以结束复配；对未初配过的母貂应连续配种两次。异期复配的母貂，初配与复配的时间间隔一般要求7～9天，不可少于6天，否则空怀率高。初配与复配要求使用同一公貂，但对初配公貂精液质量差的，母貂在复配时可更换公貂，称为双交。

3. 查空补配阶段

东北地区3月19日以后为查空补配阶段。此阶段的任务是对配种没有把握的母貂，如配种结束早的（3月10日以前）或只配过1次的母貂、与配公貂精液品质差的母貂、逃跑过的母貂以及失配的母貂再进行1次补配，以提高怀胎率。此时，可以调动全场配种能力强的公貂配种，争取全配全怀。

五、公貂繁殖力的估测技术

在正常的饲养管理条件下，每到繁殖季节都会发现有相当数量的种公貂不育，往往使制订的选配方案不能顺利施行。

同时，增加了其他可育公貂的负担，特别是随着越来越重视对水貂毛皮质量的选育，这一不育现象有愈加严重的趋势。因此，在繁殖季节到来之前，对种公貂繁殖力进行估测，检出并淘汰不育公貂，很有必要。早期检测淘汰下来的公貂皮张质量，与到配种结束时再淘汰的公貂相比，下降幅度较小。目前，种公貂繁殖力的早期检测有如下几种方法。

(一) 睾丸触诊法

在正常情况下，雄性水貂睾丸从 12 月下旬起发育迅速，到翌年 1 月末至 2 月初达到最大尺寸，2 月中旬开始萎缩。而不育公貂的睾丸有两种情况：一种是从 12 月份到翌年 3 月份始终触摸不到，称之为隐睾症；另一种是睾丸发育迟缓，即 1 月到 2 月中旬睾丸较小，而 2 月末、3 月初时增大，并达到正常大小。因此，在一定时期内通过触诊睾丸，可以在一定程度上估测雄性水貂的繁殖力。睾丸触诊的时间选择很重要，1 月初公貂的睾丸直径，个体间差别很大，除隐睾外很难区别发育不良或正常的睾丸。以 1 月末到 2 月初进行 2～3 次触诊检查，效果较好。触诊时根据阴囊内睾丸的大小、致密性、位置和滑动性给水貂评分。其评分标准如下。

0 分：触摸不到睾丸。

1 分：睾丸最大直径小于 0.7 厘米，或者睾丸比较柔软(发育不良)。

2 分：睾丸大小正常（长轴直径 1.2～1.7 厘米），并且位于阴囊内正常位置，但在阴囊内的滑动性较差。

3 分：睾丸大小、致密性、位置和滑动性都正常。

凡是评分为 0 和 1 分的，都必须淘汰。为防止受主观因素的影响，最好用卡尺测量睾丸直径。

有的公貂睾丸尽管尺寸正常，但繁殖时精液品质却很差，这样的不育公貂，很难用此法检查出来。

在进行睾丸触诊时，最好结合附睾触诊。在接近繁殖季节时，繁殖力低下的公貂，附睾触感硬且扁；而繁殖力高的公貂，附睾软且有液体充盈的感觉。

（二）血清睾酮测定法

国外有的研究者实验结果表明，正常蓝宝石色雄性水貂9~11月份的平均睾酮浓度较低，到12月份有所增加，翌年1月下旬达到最高值；此后急剧下降，3月下旬达到最低值。同样颜色的不育公貂，9~11月份的血清睾酮浓度变化情况与正常公貂相同，但12月下旬则低于正常公貂，开始增高的时间比正常公貂晚，虽然也在1月下旬达到最高值，但与正常公貂比，2月上旬血清睾酮浓度仍然很高，这与其在配种期的精液品质，呈强的负相关关系（r = -0.73）。一些睾丸触诊正常的不育公貂，可通过该方法得到淘汰。因此，似乎在2月初根据血清睾酮浓度，能很好地估测雄性水貂的繁殖力。然而一些资料表明，这种方法有时也不太可靠，甚至得出相反的结论。因此，应用血清睾酮检查估测种公貂繁殖力的方法，尚需进一步深入研究。

（三）睾丸活检法

睾丸活检，最初用于睾丸触诊和激素分泌都正常而精子缺乏的男性不育症的诊断。后来有人将此技术用于估测公貂繁殖力，效果较好。具体检测过程如下。

1. 样品采集

在1月末，将待检公貂不经麻醉固定于手术台上，用19号针头穿刺1只睾丸（如睾丸大小不一致，则穿刺较大的睾丸），避免损伤睾丸尾部。将所用20毫升注射器的栓塞保持在2～5毫升的位置，使之产生负压，靠此压力吸出睾丸组织，然后拔出针头，将样品展开于载玻片上，自然干燥，用美兰－姬姆萨液染色后，置400倍显微镜下检查。

2. 繁殖力分析

观察镜下视野中输精管上皮主要细胞数量。评分标准如下。

1分：视野中只有支持细胞。

2分：视野中只有精原细胞。

3分：视野中有10个以下精母细胞，但无圆形精细胞。

4分：视野中有10～30个精细胞，无圆形精细胞。

5分：视野中出现圆形精细胞，但数量少于10个，尚无成熟期精细胞。

6分：视野中有圆形精细胞10～40个，仍无成熟期精细胞出现。

7分：视野中的圆形精母细胞超过40个，但仍然没有成熟期精细胞出现。

8分：每个视野中有20个以上成熟精细胞。

9分：每个视野中有20～50个成熟精子。

10分：每个视野中有50个以上成熟精子。

观察的重点集中在有无浓缩的顶体期或成熟期精细胞，以及有无单倍体生殖细胞。评分低于7分的公貂，可判为不育公貂。

试验表明，活检对公貂性欲和一般行为无不良影响。由于穿刺本身一般不会破坏血睾屏障，所以也就不会发生睾丸自体免疫。

(四) 附睾采精法

雄性水貂睾丸曲细精管的生精细胞，精管多次分裂后形成精子，精子随精细管的液流输出，经直精细管、睾丸网、输出管达到附睾管中。1 月下旬的公貂附睾切片中就有精子存在，因此，在 1 月下旬、2 月上旬采集附睾管液，根据其中有无精子、精子的数量和运动情况，即可估测雄性水貂的繁殖力。其方法如下：

待检公貂注射 0.2 毫升氯胺酮麻醉剂，麻醉后使其腹部向上躺在桌子上，减掉阴囊上的毛，然后用手固定 1 只睾丸，将附睾尾端定位，用柳叶刀刺一小孔，将流出的少量液体涂于载玻片上，置显微镜下观察。根据视野内精子的数量和运动情况评分。检查后，公貂注射 5 毫克硫酸庆大霉素，阴囊喷以 1% 碘酊，然后送回笼内。通常 9 个人分工协作，每天大约能检查 500 只公貂。一般越接近繁殖期，采样越容易。浅色公貂比深色公貂容易采样。附睾上刺破的伤口几天后就会痊愈，对繁殖和其他行为均无有害影响。第一次检查精子质量不好的公貂，隔几天再采 1 次样，两次结果都很差的公貂，应予淘汰。

六、青年公貂的训练

按 1 : 4（公：母）留种的貂群，种公貂在配种季节的季用率达到 85% ~90% 时，配种工作才能顺利完成。而配种初期种公貂交配率的高低，将直接影响配种进度。一般初配阶段种公貂交配率应达 80% 以上，而配种初期对种公貂进行配种训练，是提高种公貂交配率的重要措施，同时，也是此时期的主要工作任务。

种公貂（青年公貂）第一次交配比较困难，但一经交配成功，获得了交配经验，就能顺利地与其他母貂交配。如在初次交配时被母貂拒配、撕咬，则可能形成惧怕心理，丧失性欲，以后很难再参加交配。训练种公貂，就是用还没有参加过配种的公貂去配发情好、性情温顺的母貂（通常是经产母貂），使其在母貂的积极配合下顺利达成第一次交配。发情不好或没有把握的母貂，不能用来训练种公貂。训练过程中要注意爱护公貂，防止粗暴地恐吓和扑打。一旦发现母貂拒配并且要撕咬公貂时，应及时分开。训练公貂是一项耐心细致的工作，必须善于观察分析，持之以恒。有时有的公貂在配种后期才开始参加交配，而这样的公貂恰能起到突击配种或收尾的作用。

七、种公貂的计划利用

种公貂的配种能力，个体间差异很大。一般公貂在一个配种期可交配 10 ~15 次，多者高达 20 次。为了保证种公貂在整个配种期都有旺盛的性欲，应有计划地控制使用。在初配阶段，公貂1天仅能交配1次，复配阶段1天可利用2次，但使用2～3天应休息1天。对于交配能力强的公貂，配种初期交配的母貂数不要超过7只。对性欲过盛、交配能力过强的公貂，要注意防止其在母貂非发情持续期里交配，造成空怀。对配种熟练、有特殊技能的公貂（如会躺倒侧配、母貂后腿不站立也能达到交配等），要少配易配的母貂，应重点使用，专配后期难配的母貂。

●精液品质检查技术●

通过这种检查，可以进一步淘汰在早期估测中判断不准的公貂，或检测环境和营养突然恶化对公貂精液质量的影响，以制订相应对策，从而防止因精液品质不良或无精子造成的母貂不孕。初配阶段每个公貂都要检查，复配阶段配种次数较多或营养和管理有较大变化时，也要对有关公貂进行精液检查。具体方法如下。

1. 采精

用清洁滴管吸取少量生理盐水，在刚交配过的母貂阴道内（插入深度2～3厘米）轻轻吸取少量精液，涂在载玻片上。

2. 镜检

把涂有精液的载玻片放在显微镜下，放大200～400倍观察。首先检查有无精子，再根据视野内精子的数量、形状和运动状态判断精液质量。优质精液的精子数量较多，头椭圆，尾长而稍有弯曲，活力强（直线运动）；品质差的精液精子的活力差（圆周式运动），或无活力（不活动），或是死精子，数量稀少，头圆大，尾短粗直，甚至畸形（双头双尾或头尾不对称）。

检查精液品质要在交配完毕立即进行。有的交配时间过长，检查结果可能不准确。在做镜检时，镜检室温度不能过高或过低，以免影响水貂精子活力的判定（以25℃左右为适）。阴道吸取物过干、浓稠时，可用温生理盐水适当稀释。经几次检查，无精子或精液品质不良的公貂就不能再参加以后的配种。已被其交配的母貂，要找其他公貂重配。

八、母貂辅助配种技术

在正常饲养管理条件下，每年繁殖季节都有一些母貂不发情，或发情而不接受交配，或接受交配但姿势不妥，或外生殖器有一定缺陷而难以达成交配。这些母貂统称为难配母貂。为了使母貂在繁殖季节全部受配，最大限度地提高母貂繁殖率，对于那些拒配母貂，应该具体分析其拒配原因，然后采取一些相应的辅助措施。

对于阴门封闭或狭窄的母貂，可先用手轻轻拔掉阴毛，然后用较粗的吸管插入阴门，将阴门扩大后，选择配种能力强的公貂与其交配。对于择偶性强的母貂，可通过更换公貂达成交配。

对于不会抬尾的母貂，放对前先用细绳扎住尾尖，然后将细绳从貂笼顶端拉出。待公貂进行交配时，适当地用手轻轻拉细绳，以调整母貂后躯高度，使交配顺利完成。

对于交配时腹卧笼底、后肢不站立的母貂，可用手或木

棍从笼网底向上托起母貂后肢部了，辅助公貂交配。

配种后期，当外阴变化明显的母貂撕咬公貂时，应做阴道涂片检查鉴定发情状况。确已发情的，可用配种能力强的公貂交配，或用医用胶布缠住嘴和四爪后再让公貂交配；也可肌肉注射 2 毫升安定，待 20 分钟左右母貂开始安静、有睡意，但尚能控制活动时，将其放入公貂笼内放对；或肌肉注射 3～5 毫升安定使母貂昏睡，次日清晨精神恢复后立即放对。

对于到配种后期还始终不发情而拒配的母貂，可肌肉注射 100 国际单位的孕马血性腺激素，母貂常在几天后愿意接受交配，受配率达 80%。但与正常配种的母貂比，受胎率较低（激素诱导的受胎率为 50%，正常配种的受胎率为 80%）。对于配种旺期不发情、发情不好和强烈拒配的母貂，国内有报道用人绒毛促性腺激素（HCG）处理（每只肌肉注射125～170 单位），效果亦较好。激素处理只能用于个别发情不正常的母貂，正常发情的母貂不宜滥用。

九、控光技术

水貂是一种重要的毛皮动物，水貂生长发育与光照密切相关，水貂生产中如果注意对光照进行控制，充分利用光照对水貂生长发育和水貂繁殖性能的有利影响，可以有效地降低生产成本，提高经济效益。

所谓光照控制，就是采用人工或现代电子技术，模拟自然光照周期的变化，为水貂的繁殖、换毛提供适宜的光照时间和强度，以便使水貂生产向着适应人类需要的方向更快地发展。

在水貂长期的进化过程中，水貂的生长发育和配种繁殖已经与自然光照周期的变化形成了密不可分的联系。在自然状态下，水貂随季节更替，即随自然光周期的变化每年繁殖 1 次，换毛 2 次。而在人工控光状态下，可以使水貂在 1 年的任何时期均能进行繁殖，并可以有效地缩短繁殖周期，实现 2 年产 3 胎。同时可以使水貂冬皮提前成熟，提前屠宰，节省饲料开支和管理费用，大大降低生产成本。

水貂人工控光方案与开始综合短日照的日期无关。即使在炎热的夏季，给予水貂短日照也可促其夏季长冬毛。但在水貂生产中应注意，水貂的冬毛生长有 1 个无应期。冬毛成熟后，延长光照时间，虽可加速性器官的发育，但并不引起水貂夏毛的生长，直至进入妊娠期后，水貂夏毛才开始生长。如果在水貂冬毛成熟前延长光照，会阻止水貂冬毛发育，抑制水貂性器官的生长。因此，养殖场（户）应注意掌握好人工控光的最佳时期。

水貂生产中一般从 12 月 21 日开始进行控光饲养，开始每天给予 1 小时光照，至 1 月 1 日延长到每日 8 个小时，之后每隔 5 天增加 15 ~ 30 分钟，至次年 5 月 1 日，日照时数达到 15 小时 25 分钟。采用此种方法，可明显提高水貂的配种受胎率。

如果要促进水貂冬毛成熟，在水貂生产中，一般于 6 月 21 日开始进行控光饲养，大多采用 40 瓦日光灯照明，人工光照周期变化为本地自然光周期变化速度的 2 倍，每周调整 1

次，使光照时间迅速缩短，促使水貂冬毛迅速发育，一般于10月6日水貂冬季毛皮即可成熟。

水貂配种结束后7～8天即用电灯延长光照，每天光照时数达到14个半小时，开灯期间打开控光棚小室盖，使水貂充分接受光照，直至开始产仔再停止增光。采用此法，初生水貂活泼、健壮，且仔貂成活率较高。

十、产仔保活技术

（一）产仔护理技术

1. 注意观察母貂产仔情况

母貂突然拒食1～2次，是分娩的重要前兆。如果拒食多次，腹部很大，又经常出入于小室，行动不安；精神不振，蜷缩在小室中；在笼网上摩擦外阴部或舔外阴部；出现排便动作，且外阴部有血样物流出；“咕咕”直叫，又不见仔貂叫声，这些现象可能是母貂难产。发现母貂难产时，应注意观察，采取相应助产措施，并做好记录。当发现仔貂在母貂外阴部夹住，久娩不出时，可将母貂抓住，依照母貂的分娩动作，顺势用力把仔貂拉出，进行人工处置后代养。如果母貂娩力不足时，可注射催产素（0.3～0.4毫升）进行观察，待2～3小时后仍产不出仔貂时，要进行剖腹产手术。取出的仔貂经人工处理后代养，对术后的母貂一定要加强护理。

2. 及时检查仔貂情况

适时检查初生仔貂健康和吮乳情况，发现异常，及时处理，对提高仔貂成活率、减少仔貂初生时的死亡十分必要。检查仔貂应听看结合。水貂产仔后，其仔貂的叫声可反映出仔貂的健康状况。当仔貂的叫声尖而短促、强而有力时，说明仔貂一般是健康的。当仔貂叫声冗长、无力或沙哑，是弱仔的反映。仔貂长时间叫声不停，由尖短有力变为冗长无力、沙哑时，说明仔貂没有吃上奶、窝冷或爬出窝外远离母貂受冻所致。这时应立即开箱检查，并采取果断而适宜的护理措施。

如果仔貂叫声正常，可待母貂排出胎衣样的粪便（油黑发亮）后检查。健康仔貂发育均匀，在窝中聚在一起，拿在手中挣扎有力，腹部饱满，鼻镜唇部发黑（说明吃上奶了）。弱仔在窝中分散，大小不均，拿在手中挣扎无力，腹部平凹，貂体往往湿凉。检查者手上千万不要染上异味，检查前先想办法把母貂逗引到小室外并将小室门插上。若母貂不出产箱，暂不要强行检查。在开箱后触摸仔貂前，先用垫草擦擦手。检查的重点是看仔貂是否健康，是否吃上奶，窝形和垫草量，仔貂体温是否正常，有无红爪病，母貂产仔数及母性情况等。根据发现的问题，及时采取相应的措施。仔貂的健康状况，经过一次检查后，不必天天检查。但要注意母貂的行为，如遇母貂不安心哺乳，还应及时检查仔貂的发育情况，当发现母貂奶量不足时，应及时代养。

3. 挽救仔貂

有的母貂把仔貂产在仔笼网上，有的仔貂自行乱爬，会从笼网中掉落地面，这些仔貂都很容易被冻僵。如冻僵时间不长，应及时抢救，一般都可救活。抢救时，先擦去仔貂身上的泥沙和胎膜，然后用保温袋进行保温，待仔貂恢复生活能力后，再送回原窝或代养。

因母貂难产或受压而窒息的仔貂，如果发生时间较短，可采取心脏按摩的方法，帮助仔貂心脏跳动，然后进行人工呼吸，有时亦能将仔貂救活。母貂因难产死亡时，要立即剖腹取胎，先去掉胎膜，擦干羊水，然后利用人工呼吸的方法抢救仔貂。

如果小室缺草，仔貂受冻，应将仔貂拿出，把小室添满垫草，做好窝，待仔貂暖和到有吃奶能力时再送回窝内。在检查仔貂时，发现无力吃奶的，可人工温暖后，用小吸管喂给5%的葡萄糖、牛乳、羊乳1～2滴（温度在40℃左右）。人工哺乳后，待叫声有力时送回窝。在给仔貂人工哺乳时，不可急躁，喂量不要过大，以防呛入肺内。为了及时发现母貂和仔貂的异常情况，养貂场在产仔期应建立昼夜值班制度，每隔两小时到貂舍巡查一遍，遇到问题及时解决。

●（二）仔貂代养技术●

当同窝仔貂较多，母貂已哺育不过来，或母貂乳量不足、无乳，或产后患乳房炎、自咬病等疾病，或母貂弃仔、死亡时，要对这些母貂的部分或全部仔貂采取代养措施。其代养原则是：代养的必须是健康仔貂；尽量使两窝仔貂日龄和大小接近；代养时饲养人员手上不应有强烈异味，以防母貂咬仔或弃仔。

代养的方法一般有两种：一是同味法。即把要代养的仔貂用代养母貂的仔貂肛门或垫草轻轻摩擦全身，使它们身上的气味相似（先将母貂诱出小室），然后1次放在窝内，打开小室门，让母貂自行护理。二是自行叼入法。其具体方法是，用插板封死小室门，在门口放一块木板，然后将仔貂放在代养母貂洞口的木板上，打开小室门，母貂听到仔貂的叫声后会自行将仔貂叼入。这两种方法中，以第一种方法成功率较高。

第七章　水貂疾病防控技术

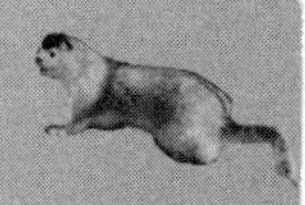

第一节　水貂主要疾病发生的原因与分类

疾病不但制约了水貂养殖业发展的规模和速度，并且也给众多养殖户带来了巨大的经济损失，为了解决这一问题，现对养殖过程中可能出现的水貂疾病种类、发生原因做以下介绍。

一、水貂疾病发生原因

（一）疾病的概念

疾病是动物机体受到内在或外界致病因素的不利影响而产生的一系列损伤与抗损伤的复杂过程，表现为局部、器官、系统或全身的形态变化或功能障碍。在这一过程中，若损伤大于机体的防御适应能力，则疾病恶化，甚至导致死亡；反之则疾病痊愈，机体康复，或遗留某些不良后遗症。

（二）水貂疾病发生的原因

水貂疾病的发病原因有很多，在饲养过程中，动物所处生长的环境的客观原因和养殖人员的人为因素成为其主要的发病原因。

1. 客观原因

动物所处生长环境的优劣与否影响了动物的健康，水貂生产要求环境安静，尤其是在妊娠期和产仔期，直接影响水貂产仔数和仔貂成活数。

2. 人为因素

(1) 药物使用不合理。药物的不合理使用，可能会造成药性降低而毒性会增加，从而对动物机体造成不良影响，引发疾病。

(2) 缺乏完善设备和养殖场建筑。养殖场场址选择不合理、缺乏排污系统、遮阴棚、养殖密度过大，都可造成动物疾病。

(3) 养殖场管理问题。如水貂养殖场的消毒或对病死的动物的处理，都可引起传染病的发生。

二、疾病的分类

根据疾病性质可以把疾病分为以下三大类。

(一) 传染病

传染病是由病原微生物引起，具有一定的潜伏期和临床症状，其特点具有传染性和流行性。传染病的病原一般为病毒、细菌及真菌等微生物。

传染病的特点：

1. 每一种传染病都由一种特定的微生物所引起

如犬瘟热是由犬瘟热病毒感染引起，病毒性肠炎是由细小病毒感染引起，巴氏杆菌病是由多杀性巴氏杆菌感染引起。

由于集约化饲养，引起水貂死亡有可能是一种病原，也有可能是多种病原混合感染而引起。

2. 具有传染性和流行性

病原微生物能通过直接接触（舔、咬、交配等），间接接触（空气、饮水、饲料、土壤等），死物媒介（貂舍用具、污染的手术器械等），活体媒介（节肢动物、啮齿动物、飞禽、人类等）从受感染的动物传播于健康动物，并能引起同样的临床症状。当条件适宜时，在一定时间内，某一范围内或某一地区水貂群被感染，致使大面积的传播和蔓延而形成流行。

3. 具有特征性的临床表现

很多传染病具有该病特征性的临床症状及一定的潜伏期和病程经过。如水貂犬瘟热的眼、鼻变化及双相热型，但是，由于病原体的不断变异，传染病的特征性症状也不如以往那么明显，单凭临床症状很难诊断出疾病。

4. 能产生免疫生物学反应

这种反应是由于机体在病原微生物的抗原刺激下，机体发生免疫反应而产生抵抗该种病原的特异性抗体，研究人员根据抗原抗体的特异性反应研究传染病的诊断、治疗和预防等工作。

5. 耐过水貂能获得特异性免疫

水貂耐过传染病后，一般均能产生特异性免疫，使机体在一定时期内或终生不再感染该种传染病。

（二）寄生虫病

寄生虫病的病因主要是由于寄生虫对动物宿主的袭击影响，寄生虫主要是节肢动物、原虫以及蠕虫这三类，前者一

般为外寄生虫，而后两者则多为内寄生虫。多数的寄生虫具有较长时间的发育期且多有固定的终寄生宿主，一般通过直接接触（如疥螨），吞入含感染性虫卵、幼虫或卵囊等的土壤、饮水或饲料（例如球虫）以及蜱、虻等吸血昆虫作媒介（例如血液原虫）而传播。

（三）普通病

主要包括内科、外科和产科疾病3类。

1. 内科疾病

有消化、呼吸、泌尿、神经、皮肤等系统以及营养代谢、中毒、遗传、免疫、幼兽疾病等，其病因和表现多种多样。

2. 外科疾病

主要是在养殖过程中产生的外伤、四肢病和眼病，等等。

3. 产科疾病

可根据其发生时期分为怀孕期疾病（流产、死胎等），分娩期疾病（难产），产后期疾病以及乳房疾病、新生仔貂疾病等。

上述分类也不是绝对的，分类只是为了便于叙述和应用，并无严格的界限。有些原虫所致的疾病如球虫病、弓形虫病等由于传播、流行和表现方式与传染病非常相似，有些学者也将其归入传染病。如水貂疥螨病，既是一种寄生虫病，又可归属于皮肤病。

三、水貂疾病的综合防制措施

水貂对疾病的抵抗能力较强，只要饲养合理，管理得当，卫生等条件较好，疾病是很少发生的。但由于水貂群的迅速扩大，人为提供的条件不一，目前，在养殖生产中也有不少疾病感染或发生。为了保证水貂饲养业的发展，广大饲养者应该遵照“预防为主，防重于治”的原则，对兽群加强饲养，提高机体抗病力。

（一）把好饲养关

1. 饲料营养要全价

调整饲料营养，添加足够量的维生素和微量元素，防止营养缺乏病、寄生虫病或中毒病的发生。

2. 保证饲料品质

动物性饲料不得来源于传染病区，特别要注意对炭疽、布氏杆菌病、李氏杆菌病、钩端螺旋体病和犬瘟热等进行检查；剔除有毒的、腐败的部分，再饲喂；加工后剩余的饲料应冷藏保存，并在当天或隔日用完，而食盆中的剩料应弃之不用。脂肪含量高的动物性饲料应作酸度、过氧化物值、醛含量等检查，以防水貂发生黄脂肪病。牛、羊、猪胚胎不能生喂，以防止布氏杆菌感染。鱼的头、骨架和内脏等用作饲料，高压煮熟后饲喂。

植物性饲料同样需要进行兽医卫生检查和监督，剔除霉烂的部分，清除杂质、异物，以防引起中毒。

3. 饮水要清洁卫生

以免引起胃肠疾病的发生。

（二）建立兽医卫生制度并贯彻落实

经常对饲料加工及饲喂用具消毒。用清水冲洗干净，然

后用5%碳酸钠溶液浸泡30分钟，再用清水洗净。

不准随意参观水貂养殖场，非生产人员严禁入内。生产区门口应设有消毒槽，以便进行鞋底消毒。每年在配种前、产仔前和取皮后，进行3次全场性预防消毒。

死尸和剖检场地的消毒。死亡的动物尸体应在专用的室内剖检，剖检后在焚尸炉内焚烧处理或深埋。剖检场地和用具每次使用后，应彻底清扫消毒，污物用柴油焚烧深埋，场地彻底喷洒消毒剂消毒。

严防猫、狗等动物进入饲养场。在场内饲养的护卫狗必须严格检疫并进行防疫。

定期检疫。如水貂阿留申病，每年应做两次免疫电泳试验，一次在选定种兽时，一次在配种前。将阳性患兽隔离饲养，直到打皮期淘汰，只有双亲都呈阴性的幼貂才能作种用，引进种兽时应长期隔离观察，阴性者方可合群。

(三) 把好引种关

不要在传染病疫区引种，对新调入场的水貂应隔离观察2周以上，观察体温、精神状态、粪便、饮食情况是否正常；特别要检查水貂阿留申病，确认阴性后方可进入饲养场或进行配种。

(四) 做好免疫、预防工作

1. 预防接种

预防接种是在健康水貂群中为防止某些传染病的发生，定期有计划地给健康动物进行的免疫接种。预防接种通常采用疫苗、类毒素等生物制剂，使水貂自动免疫。免疫后的水貂可获得数月至一年以上的免疫力。各养殖场根据本场水貂群往年发病情况及周围疫情，制定本年度的防疫计划。一些危害较大的传染病，如犬瘟热、细小病毒性肠炎等都应定期进行免疫。此外，还有临时性预防接种，例如，调进调出水貂时，为避免运输途中或达到目的地后暴发流行某些传染病，可采取免疫预防。

2. 药物预防和驱虫

药物预防也是预防和控制疾病的有效措施之一，如使用一些高效的抗菌药物可以有效地预防巴氏杆菌病、大肠杆菌病等细菌性传染病。许多国家已通过药物饲料添加剂或其他化学与生物物质添加剂来预防某些特定传染病和寄生虫病的发生与流行，而且还可获得增重和增产的效果，在使用药物添加剂作动物群体预防时，应严格掌握药物剂量、使用时间和方法。

对于寄生虫病，一定进行定期预防性驱虫，一般在春秋各进行一次驱虫。

四、发生疾病时做好隔离、消毒和治疗工作

●（一）隔离●

当水貂场发生疾病时，将患病水貂、可疑水貂和健康水貂隔离饲养，以便清除传染源，切断传播途径。对于临床症状明显的水貂应在彻底消毒情况下移入隔离区，对这些水貂要有专人饲养，严加护理和治疗，不许越出隔离场所。对于可疑水貂（指无临床症状但与病水貂或其污染的环境有过明显的接触的水貂），应在消毒后另地看管，认真观察。这类水貂可能处于

潜伏期，出现症状的则按病水貂处理。在此期间可采取免疫接种或药物治疗，1～2周后不发病者，可取消其限制。对于假定健康群，应与前两者分开饲养，同时立即进行紧急接种。

（二）消毒

消毒的目的是消灭被传染源散步于外界环境中的病原体，以切断传染途径，阻止传染病继续蔓延，是综合性防疫措施中的重要一环。可采用以下消毒方法。

1. 化学消毒

通常水貂场使用下列常用化学消毒剂：地面消毒以生石灰最佳，持续时间长，效果可靠。场地临时消毒也可使用3%～5%的石炭酸，5%～10%的煤酚皂；饮食器具消毒选用0.1%高锰酸钾；笼子、产箱消毒选用2%～4%的氢氧化钠或1%～2%碳酸钠。饲养人员及器具消毒选用0.1%新洁尔灭；水貂外伤感染处理常使用3%的过氧化氢（又名双氧水）；手术消毒，如剖腹产等常使用0.1%的新洁尔灭、75%的酒精、2%的碘酊；阴道炎和子宫内膜炎冲洗时常用0.1%的高锰酸钾、0.05%的新洁尔灭。

2. 物理消毒

水貂场常用物理消毒方法如下。

（1）紫外线消毒。如更衣室的紫外灯对工作服照射，垫草放强光下晾晒等。

（2）煮沸消毒。如食盒、饮具、饲养人员的衣服、手套等都可使用煮沸的方法消毒。

（3）火焰消毒。如用酒精、汽油喷灯或煤气火焰对笼舍的消毒，尸体焚烧也属于火焰消毒。

(4) 机械性清除。如清扫粪便、洗刷、通风等。

(三) 紧急接种

紧急接种是在已确定感染病原基础上用疫苗进行特异免疫，是为了迅速扑灭传染病的流行而对尚未发病的水貂群进行的临时性免疫接种，一般疫苗于接种后 5 ~ 7 天即能产生抗体，其体内抗体浓度逐渐上升，当其抗体水平达到一定高度时，即可形成免疫保护。通常在紧急接种 10 ~ 15 天后，新病例不再出现，流行停止。如为灭活疫苗，不仅能保护健康水貂，对病水貂也有一定程度的保护，如病毒性肠炎疫苗，巴氏杆菌疫苗等；如为弱毒活疫苗则仅能对健康水貂保护，对有症状水貂或已带毒但未出现症状的潜伏期感染水貂则促进症状加重或出现症状，这是活疫苗紧急接种时必然出现的结果，属于正常反应。但总体上还是保护了大多数健康水貂。如水貂发生犬瘟热或病毒性肠炎时，用化学药物无法控制，必须进行紧急接种，否则流行幅度将逐渐上升，最后将出现无法控制的局面。

(四) 治疗

养貂场发生疫情后，应采取适当的治疗方法。一般情况下，一些细菌性疾病、寄生虫病可通过有效的药物治愈。病毒性疾病无特效药，发病时用药主要是防止患病动物的继发感染。是否对患病动物进行药物治疗还要取决于其经济价值，若经济价值不大，则无治疗价值。

1. 治疗水貂消化系统疾病的常用药物

(1) 抗菌消炎药。如庆大霉素、卡那霉素、黄连素、诺氟沙星、环丙沙星等。

（2）助消化药。如维生素 B_1、乳酶生、胃蛋白酶等。

（3）收敛止泻药。如药用炭、鞣酸蛋白、次硝酸铋等。

（4）消化道止血药。如止血敏、仙鹤草素、维生素 K_3 等。

（5）制酵药。如鱼石脂、大蒜酊。

（6）消沫药。如松节油、植物油。

（7）止吐药。如胃复安、胃得灵、呕必停等。

（8）驱虫药。如伊维菌素、左旋咪唑、驱蛔灵、肠虫清及通灭等。

2. 治疗水貂呼吸系统疾病常用的药物

青霉素、红霉素、庆大霉素、氨苄青霉素、麦迪霉素、乳酸环丙沙星、氧氟沙星、磺胺嘧啶、板兰根、大青叶等。

3. 治疗水貂泌尿系统疾病常用药物

拜有利、青霉素、庆大霉素、阿莫西林、诺氟沙星、环丙沙星、小诺霉素等。

特异性治疗是指水貂发生传染病时，使用与该病原相对应的抗血清治疗。这种抗血清通常都是用异种动物，如犬、羊等高度免疫制备成的，给水貂注射后，能与病原直接中和达到治疗目的。目前市场上出售的商品高免血清，如抗犬瘟热、抗细小病毒性肠炎等单联或多联血清。

第二节　水貂主要病毒性传染病

一、貂瘟热

貂瘟热又称为水貂犬瘟热，由犬瘟热病毒引起的急性、热性、传染性极强的高度接触性传染病，是水貂养殖业的主要传染病之一。

（一）病原

犬瘟热病毒，属副黏病毒科麻疹病毒属，又称麻疹犬瘟热群。病毒形态呈多形性，但大多数病毒粒子为球形，呈螺旋型结构，核酸型为RNA。

该病毒对低温干燥有较强的抵抗力。－70℃冻干毒，可保存毒力一年以上；－10～－4℃可存活6～12个月；4～7℃，可保存2个月；室温条件下，仅存活7～8天，55℃存活30分钟；100℃，1分钟即失去活力。

对0.1%福尔马林、3%氢氧化钠、5%石炭酸溶液均较敏感，对乙醚，氯仿等敏感。最适pH值7.0～8.0。

（二）流行病学

1. 易感动物

貉最易感，其次是北极狐、银黑狐和水貂，各种动物的犬瘟热病毒，均可互相感染。断奶前后幼貂和育成貂最敏感，发病率高、病死率高。

2. 传染源

主要是病兽、带毒兽或场内病犬，通过接触、蚊蝇、排泄物、分泌物、空气、水、饲料等多种形式传播。

3. 传播途径

通过带毒动物的眼、鼻分泌物、唾液、尿、粪便排出病毒，污染饲料、水源和用具等，经消化道传染。也可通过飞沫、空气，经呼吸道传染，还可以通过黏膜、阴道分泌物传染。

4. 流行特点

每年的8—10月是该病发生的高峰期，其流行速度极快，可能在几天之内迅速蔓延并波及全群，甚至水平传播形成地方性流行或大流行。

（三）临床症状

根据临床表现和经过，水貂犬瘟热病可分为4种类型。

1. 最急性型

又称为神经型，常发生于流行病的初期和后期，突然发病，看不到前期症状，病貂出现神经症状，癫痫性发作，口咬笼网，发出刺耳的吱吱叫声，抽搐，口吐白沫，反复发作几次而死。这种病貂主要是神经系统受害，脑部病变不可逆转，最终导致死亡。

2. 急性型

即卡他型，病初似感冒样，眼有泪、鼻有水样鼻液，体温高达40～41℃，触诊脚掌皮温热，肛门或母貂外生殖器似发情样微肿。食欲减退或废绝、鼻镜干燥，随着病程的进展，眼部出现浆液性、黏液性乃至化脓性眼眵。口裂和鼻部皮肤增厚，粘着糠麸样或豆腐渣样的干燥物。病貂被毛蓬乱，消化紊乱，下痢初期排出蛋清样粪便，后期粪便呈黄褐色或黑色煤焦油样。病貂不愿活动，喜卧于小室内（产箱）。病程平均3～10天或更多，多数转归死亡。

3. 慢性型

又称为皮疹型，一般病程为2～4周，病貂虽有急性经过的症状，但眼、耳、口、鼻、脚爪等处及颈部皮肤病变比较明显。病貂食欲减退，时好时坏，挑食，不活动，多卧于小室内。眼边干燥，似带眼镜圈样，或上下眼睑被眼眵黏着在一起，看不到眼球，时而睁开，时而又粘在一起，这样反复交替出现，有的病貂反复1～2次后死亡。有的患貂耳边皮肤干燥无毛，鼻镜和上下唇、口角边缘皮肤有干痂物；有的病貂爪趾间皮肤潮红，后出现微小的湿疹，皮肤增厚肿胀，变硬，所以有“硬足掌症”之称；有的病貂肛门或外阴肿胀。

4. 隐性感染（钝挫型）

即非典型性。病貂仅有轻微一次性的反应，类似感冒，多看不到明显的异常表现，就耐过自愈，并获得较强的免疫力。

（四）病理解剖变化

犬瘟热病尸检时没有眼观特征性变化。眼、鼻、口肿胀，皮肤增厚，皮肤上有小的湿疹，被毛丛中有谷糠样皮屑，足掌肿大，尸体有特殊的腥臭味。胸腹腔剖开，内脏器官的变化就是一般的炎症。胃肠黏膜呈卡他性炎症，胃内有少量暗红褐色黏稠内容物，慢性病尸胃黏膜有边缘不整，新旧不等的溃疡灶。直肠黏膜多数带状充血、出血，肠系膜淋巴结及肠淋巴滤泡肿胀。气管黏膜有少量黏液，有的肺有小的出血点、脾一般不肿，个别患貂脾由于继发感染而肿大，慢性病例脾萎缩。肝呈暗樱桃红色，充血、淤血，切开有多量凝固不全的血液流出，肝质脆，有的色黄，胆囊比较充盈，肾被膜下有的有小出血点，切面三界不清即混浊。膀胱黏膜充血，常有点状或条纹状出血。心扩张，心肌弛缓，心外膜下有出血点。脑血管充盈，水肿或无变化。

（五）诊断

根据病史，流行病学资料和典型的犬瘟热症状，可以作出初步诊断。确诊可用包涵体检查、血清学检查和免疫荧光试验。免疫荧光试验是用特异性抗体及免疫荧光、免疫组化技术对感染貂的组织或细胞抗原染色进行鉴定。

（六）治疗

无特异性疗法，用抗生素治疗无效。

为了防止继发感染，应对症治疗。可用磺胺类药物和抗生素乃至拜有利等药物控制由于细菌引起的并发症，延缓病程，促进痊愈。眼、鼻可用青霉素水、氯霉素眼药水，点眼和滴鼻。

（七）预防

为预防和控制本病的发生，必须贯彻“防重于治”的方针。

1. 建立健全严格的卫生防疫制度是预防本病的关键

养貂场应杜绝野狗的串入，场内设备一律不能外借，严禁从疫区或发病场调入种貂，貂场工作人员要配备工作服，不准穿回家或带出场外。调入种貂时一定要先打疫苗，观察15天后方可运回，进场要隔离观察7~15天，才能混入大群正常管理。

2. 搞好卫生

食盆、食碗要定期消毒，粪便要及时清除，进行生物热发酵。

3. 定期接种疫苗

疫苗接种是预防病毒病最有效的方法。

（1）接种时间。预防接种应在仔貂断乳分离15天后（发病貂除外），间隔7天两次皮下注射为好，各次注射全量得二分之一，这样能产生较高得免疫力。

（2）接种方法。目前我们国内多采用皮下注射。

（3）疫苗种类。我国目前生产的多种单价犬瘟热弱毒鸡胚苗，有冻结苗和冻干苗两种。冻结苗效价高，使用方便，免疫力好。冻干苗便于运输和保存。

（4）注射犬瘟热疫苗注意事项

① 注意消毒：每注射一只水貂要更换一个消毒好的针头，不能一个针头连用到完，以防接种传播疾病。

②防止漏打、漏注：漏掉一只兽就是危险的易感动物，它可以发病，导致毒力增强，使大群免疫失败。

二、水貂阿留申病

水貂阿留申病是由阿留申病毒引起的水貂接触性、慢性、进行性传染病。以浆细胞增多，血γ-球蛋白增高，持续性病毒血症，免疫复合物造成的肾小球肾炎和肝炎，贫血及进行性衰竭为特征。本病不仅感染后会引起一定程度死亡，而且更严重的导致母貂不发情，空怀，流产，死胎，感染子代，公貂配种能力下降，精液品质不好等变化，造成严重的经济损失，是世界养貂业三大传染病病之一。

(一) 病原

阿留申病毒，属于细小病毒科细小病毒属，球形，正20面体结构。核酸型为DNA。

阿留申病毒抵抗力很强，它能在pH值2.8～10.0内保持活力。80℃存活1小时。据1974年小佐报道，本病毒在5℃的条件下，置于0.3%福尔马林溶液中，能耐受2周，4周才能灭活。

(二) 流行病学

1. 易感动物

不同年龄和性别的水貂均可感染。具有阿留申基因纯合的蓝宝石水貂最易感，发病率高，症状也严重。

2. 传染源

主要传染源是病貂。

3. 传播途径

要通过母貂垂直传播，与病貂直接接触也能传播本病。

4. 流行特点

本病常年发生，但在秋冬季节发病率和病死率大大增加。因为肾脏高度受损，病貂表现渴欲增加，而秋冬季节气温较低，由于冰冻不能满足其饮水的需要，致使病情严重，接近衰竭的病貂更易恶化和死亡。

(三) 症状

潜伏期很长，非经肠接种阿留申病毒的水貂，其血液出

现 γ－球蛋白增高的时间平均为 21～30 天；直接接触感染时，平均 60～90 天，最长达 7～9 个月，有的持续一年或更长的时间，仍不出现临床症状。

临床上大体上可分为急性型和慢性型。

急性型经过的病貂，可在 2～3 天内死亡。病貂食欲减退或拒食，精神沉郁，逐渐衰竭，死前痉挛。

慢性病例的病貂病程延长至数周，病貂由于肾脏遭到严重损害，水的代谢紊乱，表现高度口渴，几乎整天伏在水槽上暴饮或吃雪，啃冰。病貂渐进性消瘦，生长发育缓慢，食欲反复无常，时好时坏。被毛无光泽，眼球下陷，精神高度沉郁，步履蹒跚。神经系统受损，伴有抽搐、痉挛、共济失调、后肢不全麻痹或麻痹，贫血，可视黏膜苍白。齿龈、上颚常有出血或溃疡。由于内脏自发性出血，粪便呈煤焦油样。

（四）病理解剖变化

尸僵完整，被毛欠光泽，高度消瘦、可视黏膜苍白，有的口腔黏膜溃疡。腹部被毛尿湿，肛门周围有少量煤焦油样粪便附着。脚爪皮肤苍白。

急性死亡的肾脏变化：充血，肿大，被膜下有散的出血或斑。慢性病例肾脏呈淡褐色，灰色或淡黄白色。肾表面出现黄白色小病灶，凸凹不平，被膜易剥离，切面初期外翻，有少量血液流出。后期切面内收或平齐，色淡，发生变性肾炎。肝初期肿大，色暗褐，后期色淡，不肿，呈黄褐色或土黄色。脾脏急性经过的病例，有肿大的现象，被膜紧张，折叠困难。慢性经过的脾萎缩，边缘锐，呈红褐色或红棕色，切面白髓明显。淋巴结肿大，其中，以纵膈淋巴，胰淋巴，盆腔淋巴肿大明显，呈髓样肿胀。胸腺萎缩，表面有粟粒大的出血点。

●（五）诊断●

目前，国内外主要采用对流免疫电泳法检测水貂阿留申病。在水貂感染阿留申病后3～6天即可检出沉淀抗体，并能维持6个月以上。

●（六）防治●

迄今为止，对阿留申病还没有特异的治疗和预防方法。因此，为控制和消灭本病，必须采取综合性的防治措施。

1. 加强饲养管理

建立健全貂场的卫生防疫制度，给予优质、全价新鲜的饲料，提高机体的抗病能力。

2. 建立定期的检疫制度

每年在仔貂分窝以后，利用对流免疫电泳法逐头采血检疫，阳性貂集中管理，到取皮期杀掉，不能留做种用。这样就能防止阿留申病扩散，减少阳性貂的发生。

3. 预防接种

目前，还没有特异性作用较好的疫苗，用阿留申细胞毒灭活苗对阴性貂接种有免疫作用，但还需要进一步研究改进。

三、水貂细小病毒性肠炎

水貂病毒性肠炎是由细小病毒引起的，以剧烈腹泻为主要特征的急性、接触性传染病。特别是幼龄水貂有较高的发病率和病死率。该病常呈暴发性流行，是世界公认的危害水貂饲养业较严重的病毒性传染病之一。

（一）病原

为细小病毒科、细小病毒属的水貂肠炎病毒，是一种小的无囊膜 DNA 病毒。

本病毒对外界环境有较强的抵抗力，能耐受66℃，30 分钟热处理；病毒在污染的貂笼里能保持一年的毒力，含有病毒的粪便和组织，在冷冻条件下，一年毒力不下降。病毒对胆汁、乙醚、氯仿等有机溶剂和胰蛋白酶有抵抗力；在室温条件下，该病毒在0.5%福尔马林、氢氧化钠溶液作用下，12 小时失去毒力；煮沸可以杀死该病毒。

（二）流行病学

1. 易感动物

本病感染范围较广，在自然条件下，不同品种和不同年龄的貂都可感染。幼龄水貂最易感，发病率为50%～60%，小白鼠、雪貂和田鼠经鼻和皮下接种都不感染。

2. 传染源

主要传染来源是病貂和自然治愈的耐过貂。感染水貂的所有分泌物及排泄物内均含病毒，康复的貂可常年排毒，成为长期存在的传染源。

3. 传播途径

病毒可以随野鸟从污染貂场带到非发病场。此外，蝇类、禽类、鼠类，以及饲养人员的手套和使用的工具都是传播此病的媒介。

4. 流行特点

本病发生没有明显的季节性，但多发生于夏秋季节。多

呈地方性暴发流行，开始传播的比较慢，经过一段传染，毒力增强转为快速传染，特别是仔兽分窝以后，大批发病，死亡。

(三) 临床症状

潜伏期4~9天，11天以上者少见（猫泛白细胞减少症为3~5天，犬细小病毒病为5~12天）。临床上分为最急性型、急性型和慢性型3种。

1. 最急性型病例

没有典型的临床症状，食欲废绝后12~24小时死亡。

2. 急性型病例

患病貂体温高达41℃以上，精神沉郁，饮欲增强，食欲减退或拒食，呕吐、拉稀、排出混有血液、黏液样、灰白色或粉红色的蛋清样稀便，一般在病的后期，排出典型的黄褐色或粉红色混有血液样管状脱落的肠黏膜，管形稀便，所谓套管样便。病程7~14天，转归死亡。

3. 慢性病例

病貂耸肩弯背，被毛蓬乱，无光泽，喜卧于小室内，排便频繁，里急后重，粪便液状，常混有血液，呈粉红色或灰白色，有的排出褐红色脓样管型便。由于下痢脱水，自家中毒，病貂表现极度虚弱、消瘦、常常四肢伸展卧于笼内。用显微镜检查粪便有大量没消化的纤维素、白细胞和脱落的黏膜上皮细胞和血液。白细胞减少，嗜中性白细胞相对增多，淋巴球则相对减少。一般经1~2周后转归死亡，个别的慢性病貂也有耐过，自然治愈，长期带毒，生长发育迟缓。

(四) 病理解剖变化

最急性死亡的貂尸，尸体营养良好；慢性经过的尸体消瘦，被毛粗糙无光泽，肛门周围附有少量黏液状粪便。皮下无脂肪，较干燥。

内脏器官主要变化限于肠管和淋巴结。胃空虚，有少量黏液和胆汁色素，黏膜特别是幽门充血，有的有溃疡灶。肠道呈鲜红色，黏膜充血，肠内有少量混有血液和未消化的食糜，呈急性卡他性出血肠炎变化。有些尸体肠管内容物呈黄绿色水样，肠壁有纤维素样坏死灶。一般肠管空虚，肠壁菲薄，肠系膜淋巴结肿大，充出血、水肿。急性病例肝肿大，质脆呈土黄色，胆囊充盈。肾一般无明显变化。

(五) 诊断

根据流行病学、临床症状、病理剖检变化，可以做出初步诊断。要排除其他细菌性和病毒性肠炎并确诊，必须进行实验室检查。水貂细小病毒肠炎常用的诊断方法有特异荧光抗体染色、单克隆抗体检测病毒的 ELISA 方法、血凝及血凝抑制、电镜法以及对流免疫电泳。随着分子生物学技术的发展，还有核酸探针检测水貂细小病毒性肠炎、PCR 方法和胶体金试纸条诊断细小病毒性肠炎。

(六) 治疗

目前，无特效治疗方法，只能是在发病的早期使用抗生素防止细菌继发感染，降低病死率。高免血清具有较好的治疗效果，但价格比较高，使用不普遍。最好是及时发现并正确诊断，采取紧急接种，能起到一定的预防和治疗作用。

（七）预防

1. 预防接种

发生本病的场或地区（疫区）一定要做好预防工作，定期做好疫苗接种工作，使用时要注意疫苗的质量和使用方法。

疫苗预防接种时期：一般应在仔貂断乳 7～15 天后（即6月末至7月初）进行。发病貂场立即进行紧急疫苗接种。在引进前（种貂售出场）30 天进行疫苗接种，尤其是由未发过病的貂场调入种貂时必须预防接种，方可混入大群饲养。

2. 严格执行卫生防疫制度

（1）严禁猫、狗和禽类入貂场。引进种貂，入场后应隔离 15～30 天。

（2）当水貂场有传染性疾病流行时，应停止一切串兽活动。病貂隔离饲养，应由专人管理，人员不得流动；对死亡的尸体及污染物等，一律烧掉或深埋。对污染的用具及器皿，要高温消毒（蒸、煮）。病愈后的水貂，一律留在隔离场（棚舍），一直到取皮期淘汰取皮。

发病场的貂皮，应在室温 30～35℃相对湿度 40%～60%条件下处理 48 小时。

（3）发病一年以内的貂场，严禁输出种貂。貂笼要用火焰消毒，产箱（小室）用 2% 福尔马林或氢氧化钠溶液消毒，地面用 5% 用氢氧化钠溶液或 10% 生石灰乳消毒。粪便堆集在距饲养场较远处，进行生物热发酵处理。

四、水貂冠状病毒性肠炎(水貂流行性腹泻)

水貂冠状病毒性肠炎是由冠状病毒引起的，以流行性腹泻为特征的病毒性传染病。本病在世界许多养貂国家都有流行。

（一）病原

病原为冠状病毒，属于RNA病毒，该病毒对外界环境的抵抗力较强。病毒在粪便中可存活6~9天，污染物在水中可保持数天的传染性。对温度很敏感，33℃生长良好，35℃就受到抑制。

（二）流行病学

1. 易感动物

此病的发生与水貂品种密切相关，北美貂及其杂种后代易感，我国原有水貂品种易感性差。

2. 传染源

病毒主要存在与感染动物的胃肠内，并随粪便排出体外，污染饲料和环境。

3. 传播途径

主要经消化道感染。

4. 流行季节

本病春秋季多发。此病发病率高，病死率较低，成年貂和育成貂均可感染发病。

（三）临床症状

该病的临床症状很难与其他原因引起的胃肠炎区别。病貂常表现精神沉郁、食欲不振，饮水量增加，呕吐，拉稀，排出灰白色、绿色乃至粉黄色黏液状稀便，有的排出黑红色卡他样稀便，没有明显的管套样稀便，精神沉郁，反应迟钝，两眼无神，鼻镜干燥，被毛欠光泽，消瘦，一般体温不高。腹泻严重的病貂，饮水补液跟不上，因脱水、中毒而死。

●（四）病理解剖变化●

病死水貂尸体消瘦，口腔黏膜、眼结膜苍白，肛门及会阴部被稀便污染，胃肠道黏膜充血，胃肠内有少量灰白色或暗紫色的黏稠物，有的肠内有血，肠系膜淋巴结肿大，肝脏浊肿，有的轻度黄染；脾肿大不明显；肾脏质脆，呈土黄色。

●（五）诊断●

根据病的临床症状、流行特点、细菌分离培养没有检查到细菌、细小病毒性肠炎血清学试验阴性，貂群接种了水貂肠炎苗还发病，可以诊断为冠状病毒性肠炎。

●（六）治疗●

目前，尚无特效疗法，只能是强心、补液、防止继发感染。

给病貂皮下或腹腔注射5%～10%葡萄糖注射液10～15毫升，皮下分多点注射；也可让病貂自饮葡萄糖甘氨酸溶液，其配制方法：葡萄糖45克，氯化钠9克，甘氨酸0.5克，柠檬酸钾0.2克，无水磷酸钾43克，溶解于2 000毫升常水中。

同时，用琥珀氯霉素（人用）0.5～1.0毫升，肌肉注射；或用速灭沙星注射液，每千克体重0.2～0.4毫升，肌肉注射，可缓解症状，防止继发感染。

最好是采用典型病例的死貂实质脏器（心、肝、脾、肾、淋巴结等）做同源组织灭活液（但要用科学的方法研制，灭活要彻底），用作紧急接种或预防接种。

（七）预防

要加强饲养管理，提高貂群的抗病能力。

搞好场内卫生消毒工作，定期每周用百毒杀（按标签说明使用）或0.1%的过氧乙酸溶液喷洒消毒一次。病貂笼要用火焰消毒。

保证饲料和饮水的卫生，防止野犬和猫进入。

五、伪狂犬病

伪狂犬病又称阿氏病，多种动物共患病，以侵害中枢神经系统，皮肤瘙痒为特征的急性病毒性传染病。猪多发，呈隐性经过，水貂多由吃了屠宰厂猪的下脚料而引起发病。

（一）病原

伪狂犬病病毒属于疱疹病毒科。本病毒含双股DNA，能在兔和豚鼠的睾丸组织中培养繁殖。各种途径都能使鸡胚感染，在绒毛尿囊膜上接种，可产生小点状病灶，一般3～5日龄鸡胚死亡。

伪狂犬病病毒在50%甘油中，于0℃条件下，可保存数年。在肺水肿的渗出液中，于冰箱内保存，可存活797天以上，在0.5%盐酸液和硫酸液以及氢氧化钠溶液中，3分钟被杀死；5%石炭酸溶液中，2分钟杀死，2%福尔马林溶液，20分钟被杀死。加热60℃30分钟，70℃20～30分钟，80℃10

分钟被杀死，100℃时，瞬时能杀死病毒。

（二）流行病学

1. 易感动物

在自然条件下，除牛、羊、猪、马、狗、猫及啮齿类感染本病外，毛皮动物水貂、银黑狐、蓝狐等都易感。鸡、鸭、鹅及人均可感染伪狂犬病。实验动物家兔，豚鼠和小白鼠也易感。

2. 传染源

病貂和带毒的肉类饲料是水貂的主要传染来源。猪是本病的主要宿主，多呈隐性经过，没有临床症状。

3. 传播途径

主要经消化道感染，皮肤外伤也能感染。

4. 流行特点

发病没有明显的季节性，但以夏、秋季节多见，常呈地方性暴发流行。初期病死率高，当排除污染饲料以后，病势很快停止。

（三）临床症状

水貂自然感染潜伏期为3～6天。患伪狂犬病的水貂，主要表现平衡失调，常仰卧，用前爪掌摩擦鼻镜、颈和腹部，但无皮肤和皮下组织的损伤。表现拒食或食后不久发作。其特征为食后1小时发现多数水貂精神萎靡，瞳孔缩小，呼吸迫促、浅表，鼻镜干燥，体温升高（40.5～41.5℃），狂躁不安，冲撞笼网，兴奋与抑制交替出现，病貂时而站立，时而躺倒抽搐，转圈，头稍昂起，前肢搔抓脸颊、耳朵及腹部。

舌面有咬伤，口腔流出多量血样黏液。有的出现呕吐和腹泻。死前发生喉麻痹，胃肠鼓气。有的公貂发生阴茎麻痹。眼裂缩小，斜视，下颌不自主的咀嚼或阵挛性收缩，后肢不全麻痹或麻痹，病程1~20小时死亡。

（四）病理解剖变化

伪狂犬病死亡的尸体，营养良好，鼻和口角有多量粉红色泡沫状液体，舌露出口外，有咬痕。眼、鼻、口和肛门黏膜发绀。腹部膨满，腹壁紧张，叩之鼓音。血凝不全，呈紫黑色。心扩张，冠状动脉血管充盈，心包内有少量渗出液，心肌呈煮肉样。

肺呈暗红色或淡红色，表面凸凹不平，有红色肝样变区和灰色肝样变区交错，切开有多量暗红色凝固不良血样液体流出。气管内有泡沫样黄褐色液体，胸膜有出血点，支气管和纵膈淋巴结充淤血。

较为特征性变化是胃肠鼓气，腹部膨满。胃肠黏膜常覆以煤焦油样内容物，有溃疡灶。小肠黏膜呈急性卡他性炎症，肿胀充血和覆有少量褐色黏液。

肾增大，呈樱桃红色或泥土色，质软，切面多血。脾微肿，呈充淤血状态，白髓明显，被膜下有出血点。

大脑血管充盈，质软。

（五）诊断

根据流行病学和临床特征性表现“瘙痒”“眼裂”和“瞳孔缩小”及病理剖检及病理组织学变化，可以做出初步诊断。为进一步确诊可用血清学和动物试验来进行最后确诊。

（六）治疗

本病尚无特效疗法，抗血清治疗有一定的效果，但经济上不划算。发现本病，应立即停喂受伪狂犬病毒污染的肉类饲料，更换新鲜、易消化、适口性强、营养全价的饲料。病貂用抗生素控制细菌继发感染。

（七）预防

预防本病的发生应采取综合防治措施。

对肉类饲料加强管理，对来源不清楚的饲料最好不用。特别是利用屠宰厂猪的下脚料一定要高温处理后熟喂。凡认为可疑的肉类饲料都应无害处理后再喂。

兽场内严防猫、狗窜入，更不允许鸡、鸭、鹅、狗、猪和水貂混养。

伪狂犬病多发的饲养场和地区，或以猪源为主的肉类饲料的饲养场，可用伪狂犬病疫苗预防接种。

六、自咬症

自咬症是长尾巴肉食动物多见的急慢性经过的疾病。病貂啃咬自己的尾巴或躯体的某一部位的被毛和肢体。造成皮张破损或死亡。水貂发生此病，多为慢性间歇性发作，一日之内多在喂食前后啃咬自身的尾巴或躯体某一部位的被毛，一年之内多在配种产仔期即性兴奋期发作，自咬加剧，有的母貂将亲生仔貂践踏死。

本病在国内外各水貂饲养场均有发生。

●（一）病原●

本病病原目前尚未研究清楚，主要有以下几种假说：①某种营养缺乏病；②寄生虫病；③肛门腺堵塞；⑤应激反应；⑤慢性传染病；⑥一种慢病毒或缺欠病毒引起的病毒性隐性传染病。

它的发作受很多诱因影响，如饲料营养是否全价，饲料新鲜度好坏、动物性饲料比例高低、场内环境好坏、小气候干湿度如何、是否有噪声、血缘关系怎样、是否近亲等都影响本病的发生的因素。

●（二）流行病学●

1. 易感动物

自然感染病例，紫貂和蓝狐最易感，水貂易感，银狐次之。其发病率通常表现为母貂明显高于公貂，育成貂高于成年貂，标准貂高于彩貂，仔貂从 30 ~ 45 日龄即可出现感染发病。

2. 传染源

传染来源主要是病貂。

3. 传播途径

传染途径及传播方式目前研究的不多。

4. 流行特点

水貂自咬症的发生没有明显的季节性，一年四季均有发生，但以春、秋两季为多，特别是秋季换毛期最常见。在 2 ~ 8 月呈不规则发生，9 月天气潮冷时，发病率上升，11 ~ 12 月达最高峰，可延续到翌年 1 月。

（三）临床症状

水貂呈慢性经过，反复发作，很少有死亡。发作时患貂自咬尾巴或躯体的某一部位，拂晓和喂食前后患貂在笼内或小室内转圈，撵追自己的尾巴，咬住不放，翻身打滚鲜血淋漓，吱吱呻叫，持续3~5分钟或更长时间，听到意外声音刺激或喂食前再发作自咬，一天内多次发作，反复自咬，尾巴背侧血污沾着一些污物形成结痂呈黑紫色。轻者将自身的被毛咬啃的残缺不全或将全身的针毛和柔毛咬断，或将尾巴下1/3尾毛啃光。

（四）病理解剖变化

自咬死亡的尸体，一般比较消瘦，后躯被毛污积不洁，自咬部位有外伤，水貂多数是尾巴背侧有新鲜的咬伤，附有血污，陈旧性咬伤尾部背侧附有较厚的血样结痂，很少有化脓现象。有的被毛残缺不全，所谓食毛症。内脏器官变化多数是败血症变化，实质脏器充淤血，或出血。慢性自咬死亡的水貂胃黏膜有喷火样的溃疡灶。

（五）诊断

根据自咬症发病特点和临床表现即可作出诊断。但应和伪狂犬病、李氏杆菌病相鉴别。

患伪狂犬病的水貂也有同自咬症类似的表现，发作时病貂奇痒，且尽力舔之，以致造成局部无毛或皮肤破溃，严重时也表现自咬，但其病原为伪狂犬病病毒，是一种以发热、奇痒及脑脊髓炎为主症的急性传染病。

李氏杆菌病发作时往往在夜深人静时发出很凄惨的尖叫

声，兴奋、抑制交替进行，出现共济失调，同时出现神经质的自咬行为。而自咬症貂经常是在无人情况下自咬肢体，不分黑夜和白天，均发出尖叫声。

（六）治疗

目前，对本病尚无特效治疗方法，一般多采用镇静和外伤处理相结合的方法，治疗效果虽然不太理想，但能控制和避免其反复发作。

1. 戴围套

先拔去病貂的犬齿，用纸板做成一个宽约 6 厘米的围套，套在病貂脖子上，使病貂无法回头咬到自己的尾和腿。

2. 镇静

用盐酸氯丙嗪 0.25 克，乳酸钙 0.5 克，复合维生素 B 0.1 克，研磨混匀，平分成 2 份混入饲料中饲喂，每只每次喂 1 份，每日喂 2 次。

3. 咬伤部位处理

先清理创面，用剪子剪掉伤口周围的毛，用双氧水处理后再涂上碘酊。夏季尤其应注意患部的防腐驱蝇，可适当涂些松节油。

4. 肌肉注射

青霉素 20 万单位，防止继发感染。

5. 螨病引起的自咬症

肌肉注射灭虫丁，体壮者每千克体重 0.4 毫升，体弱者 0.2 毫升，每隔 4 天注射 1 次，3～4 次可治愈。

（七）预防

没有特效防疫措施，加强种貂的饲养管理，可减少自咬症的发生。

1. 饲料

饲料要全价、新鲜，并添加足量的维生素和微量元素，在日粮中添加占饲料总量1% ~2%的羽毛粉，可降低自咬症发病率。

2. 卫生防疫措施

建立健全卫生防疫制度，创造良好的环境条件，即适宜的温度、湿度、饲养密度和卫生条件。

3. 预防应激

减少环境噪声和剧烈的外界刺激，禁止外界各种毛皮动物进入圈舍，笼舍定期消毒，特别是对于已发生过自咬症的毛皮动物，其使用过的笼舍要用消毒液彻底消毒，防止交叉感染。

4. 早隔离、早治疗

发现病貂早隔离，早治疗，建立种貂登记卡，凡有自咬症的病貂，到取皮期一律取皮，不能留作种用，以避免自咬症的发生。

第三节　水貂常见细菌性疾病

一、巴氏杆菌病

水貂巴氏杆菌病是由多杀性巴氏杆菌引起以出血为主要特征的急性、热性传染病。

（一）病原

本病病原菌为巴氏杆菌科巴氏杆菌属中的多杀性巴氏杆菌（Pasteurella multocida），长 1～1.5 微米，宽 0.3～0.6 微米，为两端钝圆，中央微凸的短杆菌，革兰氏染色阴性。组织压片或体液涂片，用瑞氏、姬姆萨法或美篮染色镜检，菌体多呈卵圆形，两端着色深、中央着色浅，所以叫两级浓染的小杆菌。用培养物作的细菌涂片，两极着色不明显。

本菌对物理和化学因素的抵抗力比较差。在自然干燥的情况下，很快死亡。日光对本菌有强烈的杀菌作用，薄菌层暴露阳光下 10 分钟即死。热对本菌的杀菌力很强，马丁肉汤 24 小时培养物加热 60℃1 分钟即死。在 37℃温度下，保存在血液、猪肉及肝、脾中的巴氏杆菌分别于 6 个月、7 天及 15 天死亡。但 10% 克辽林 1 小时不能杀死本菌。

（二）流行病学

1. 易感动物

多杀性巴氏杆菌对许多动物和人均有致病性。家畜中以牛（黄牛、牦牛、水牛）和猪发病较多，家禽、兔和水貂等野生经济动物也易感染。

2. 传染源

主要传染源是患病畜、禽、兔等肉类饲料以及肉联厂的副产品。尤以兔、禽类副产品最危险。带菌的鸡、鸭、鹅、狗、猪等也都是传染源。

3. 传播途径

（1）内源性感染。巴氏杆菌为条件性致病菌，通风不良，阴雨连绵、营养缺乏、饲料突变、过度疲劳、长途运输、寄生虫病等诱因作用下，而使其抵抗力降低时，病菌可乘机侵入体内，经淋巴液而进入血流，发生内源性传染。

（2）外源性感染。病菌污染饲料、饮水、用具和外界环境，经消化道而传染于健康动物；或由咳嗽、喷嚏排出病菌，通过飞沫经呼吸道传染；通过吸血昆虫叮咬和皮肤黏膜的外伤，也可发生外源性感染。

4. 流行特点

本病发生一般无明显的季节性。但以冷热交替、气候剧变、闷热、潮湿、多雨的时期发病较多。水貂对多杀性巴氏杆菌比较敏感，多呈地方性暴发流行，多为群发，病死率很高。

（三）临床症状

本病流行初期多为最急性经过，幼貂突然死亡。或以神经症状开始，病貂癫痫式抽搐尖叫，虚脱出汗，休克而死。该病流行一定程度时，发病和死亡率出现高峰。

病貂类似感冒，不愿活动，两眼睁得不圆，鼻镜干燥，体温升高，触诊脚掌比较热，食欲减退或废绝，渴欲增高。

胸型患貂以呼吸系统病变为主，出现呼吸频数、心跳加快，幼貂鼻孔有少量血样分泌物，有的出现头、颈水肿，乃至眼球突出等异常现象。病程一般 48 ~ 72 小时，即 2 ~ 3 天死亡。

肠型患貂以消化道变化为主，食欲减退或废绝，下痢、稀便混有血液，眼球塌陷、卧在小室内不活动，通常在昏迷或痉挛中死去。

慢性经过的病貂出现精神不振，食欲减退或废绝、呕吐，常卧于小室内，不活动。被毛欠光泽、消瘦、鼻镜干燥、拉稀、肛门附近沾有少量稀便或黏液。如不及时治疗，3～5 天或更长一点时间死亡。

（四）病理解剖变化

最急性死亡的患貂尸体营养状态良好，病变不明显。皮肤剥开，皮下脂肪良好，只表现充淤血，色暗，紫红色，可视黏膜充淤血。

亚急性死亡的病貂病理变化比较明显。有的头部，鼠蹊部，颈部皮下水肿，轻度黄染，末梢血管充盈，浅表淋巴结肿大，胸腔有少量淡黄红色黏稠的渗出液；心肌弛缓，心包膜和心内外膜有出血点，乳头肌呈条状出血。膈肌充出血，大网膜、肠系膜充血、出血；脾肿大，折叠困难，边缘钝；肝脏充血、淤血，肿大，切开有多量褐红色血液流出，质脆，有的黄染，呈土黄色；肾脏皮质充血、出血，肾包膜下有出血点；肠系膜淋巴结和甲状腺肿大。

（五）诊断

根据流行特点和病理剖检变化，细菌涂片可以做出初步诊断。进一步确诊需做细菌学和动物试验。同时，要做好鉴别诊断，要和副伤寒、犬瘟热、伪狂犬病（阿氏病），钩端螺旋体等传染病加以区别。

细菌学检查：从病尸心血、肝被膜和脾脏等压片、涂片，革兰氏染色，镜检，能检出两极浓染的革兰氏阴性小杆菌，细菌培养阳性，动物试验有毒力，方可确诊为巴氏杆菌病。

（六）治疗

改善饲养管理，排除可疑饲料及污染物，隔离病貂，食具煮沸消毒后，固定给每只兽，不要串用，以防互相传染。

因为巴氏杆菌病最急性和亚急性经过的比较多，特别是流行的初期不易发现，所以，在临床实践中多采取全群预防治疗，即对可疑貂群，每天用大剂量的青霉素20万~40万单位，肌肉注射，每天3次；或用拜有利（德国进口）肌肉注射，每日1次，每次注射0.1~0.2毫升；也可用环丙沙星注射液，2.5~5毫克/千克体重，肌肉注射，每日3次。

此外，大群可以投给蒽诺沙星、诺氟沙星、复方新诺明、增效磺胺等。剂量和使用方法请按药品说明书使用。

也可以注射巴氏杆菌高免血清，但由于这些血清都是异种蛋白，易产生过敏现象，在大群注射之前，要做小群试验。

（七）预防

1. 加强饲养场的卫生防疫工作

喂兔、犊牛、仔猪、羔羊和禽类加工厂产生的下水及杂物，要高温无害处理后再喂水貂。当阴雨连绵，或秋冬季节交替，气温多变的时期，一定要加强管理，食具和产箱的卫生，垫草的补给都要注意。水貂不能和兔、鸡、鸭、鹅、狗、猪等混养在一个场里，以防相互传染造成损失。

2. 特异性预防

定期注射巴氏杆菌疫苗（毛皮动物专用）能起到预防本病的效果。但到目前为止，国内外生产的巴氏杆菌疫苗，免疫期比较短，一年要多次接种。

二、大肠杆菌病

水貂大肠杆菌病是由大肠杆菌引起的伴有严重腹泻，以败血性经过为主要特征的传染病，幼龄水貂多发，成年貂及老貂很少发病。

（一）病原

本病的病原是大肠杆菌，根据血清型分为200多个变种，常对人、畜无致病性，而对毛皮动物则有致病性。水貂大肠杆菌致病血清型为O_8（约占53.8%），O_{141}（约占23.08%），O_{81}（约占15.38%），O_{101}（约占7.7%）。

本菌长1～3微米，宽0.6微米，为两端钝圆的短杆菌，在体内呈球菌状，常单在排列，个别呈短链排列，无荚膜和芽孢，有运动性。易被苯胺染色，为革兰氏阴性菌。

大肠杆菌抵抗力不强，一般的消毒药都能杀死，如石炭酸、升汞、甲醛等5分钟即可杀死，55℃经过1小时60℃经过15～30分钟，该菌死亡。

（二）流行病学

1. 易感动物

多发生于断奶前后的幼貂，1月龄的仔貂和当年幼貂最易感。

2. 传染源

带菌的动物和污染的饲料、饮水是本病的传染源。

3. 传播途径

在正常的动物体内就有大肠杆菌，当机体抵抗力下降时，大肠杆菌毒力增强，在大肠内大量繁殖，破坏肠道而进入血液循环，引起发病。

4. 流行特点

病的流行有一定的季节性，北方多见于 8—10 月份，多呈暴发流行。

(三) 临床症状

潜伏期 1～3 天，发病急，多呈急性经过。病貂精神沉郁、食欲废绝，鼻镜干燥，呼吸迫促，体温升高到 41℃以上；腹泻，粪便初为灰白色带有黏液和泡沫，或水样腹泻，尔后便中带血，呈煤焦油样，有的伴发呕吐。病的后期弓腰蜷腹，消瘦、虚弱；有的出现角弓反张、抽搐、痉挛及后肢麻痹等神经症状，常于 2～3 天死亡。

(四) 病理解剖变化

尸体消瘦、胃肠呈卡他性或出血性炎症变化，特别是大肠最明显，肠壁菲薄，黏膜脱落，内充满气体，肠内容物混有血液，肠系膜淋巴结肿大，出血；肝脏肿大、有出血点，脾脏肿大 2～3 倍，肾脏充血、质软，心肌变性。

(五) 诊断

根据临床症状和病理剖检变化，可以作为初步诊断依据，但要最后确诊需要细菌学检查。

细菌学检查，取未经抗生素治疗病例的材料。可采集心血，实质脏器病科进行分离培养，同时，必须做动物实验。

(六) 治疗

发生本病后，应迅速使用大剂量的磺胺类或抗生素类药物进行治疗或预防，一般能很快控制疫情的发展，有条件的饲养场，应先做药敏试验或几种抗生素联用。可以选择蒽诺沙星或环丙沙星注射剂，2.5～5 毫克/千克体重，肌肉注射，每天 2 次；也可用拜有利注射液 0.05 毫升/千克体重，肌肉注射，每天 1 次，连用 3～5 天。

水貂大肠杆菌病还可用菌丝霉素 4 000～10 000单位，溶解于 0.5% 奴夫卡因溶液中或高免血清中进行注射；或内服氯霉素每次 0.1～0.2 克，每天 2 次；同时皮下注射 20% 葡萄糖 10 毫升，或复合维生素 B 生理盐水注射液 20～40 毫升，分多点皮下注射。

（七）预防

1. 加强饲养管理

认真搞好卫生，特别是仔貂，要经常检查，及时除掉蓄积在小室内的饲料。仔貂断奶后，要给优质的肉类饲料，稠度要稀一点，适当加一些抗生素类的药物，控制本病的发生。发病季节，可给每只水貂口服（混到饲料中）氯霉素 0.1～0.2 克，每日 1 次，连用 5 天，进行预防。在饲料中加入苹果，对预防大肠杆菌病有特殊意义。

2. 生态防治

利用有益的生态细菌群防治细菌性腹泻是近几年发展的新技术，其效果已在多种动物应用后得到证实。它无毒性，无副作用，无残留。长期使用不产生抗性，使用方便，促进消化吸收促进生长发育，它是通过各种生态效应来调节肠道细菌的平衡，改变肠道内在环境，使腹泻得以治愈。

三、水貂出血性肺炎

出血性肺炎又称水貂假单胞菌病，是由绿脓杆菌引起的人兽共患的一种急性传染病。

（一）病原

本病病原为假单胞菌科假单胞菌属中的铜绿假单胞菌(也叫绿脓杆菌)。菌体长1.5微米，宽0.5~0.6微米，两端钝圆，具有一根鞭毛，不形成芽孢及荚膜。单在、成对或形成短链，在肉汤培养基上，可见到长丝状，易被普通染料着色，为革兰氏阴性菌。

绿脓杆菌对紫外线抵抗力强，对外界环境的抵抗力比一般革兰氏阴性菌强。55℃1小时才被杀死。在干燥的环境下，可以生存9天。对一般的消毒药敏感，0.25%福尔马林、2%石炭酸，1%~2%来苏尔，5%~10%石灰水，均可迅速杀死。因该菌有广泛的酶系统，能合成自身生长所需的蛋白质，不易受各种药物的影响，所以该菌对常用的抗生素大都不敏感。

（二）流行病学

1. 易感动物

幼貂最易感，其发病率高达90%以上，老龄貂发病率低。

2. 传染源

污染绿脓杆菌的肉类饲料和患兽的粪便、尿、分泌物、污染的水源和环境，都是本病的传染源。

3. 传播途径

感染的主要途径是经口和鼻。病原体存在于被污染的尘埃和绒毛里，经呼吸道感染本病。

4. 流行特点

该病没有明显的季节性，呈地方性流行。病菌侵入后，任何季节都能引起暴发。东北地区 9—10 月，关内 10—11 月，气温多变，冷热不均，尤其是低温潮湿，使机体抵抗力下降，是出血性肺炎发生的诱因。

（三）临床症状

自然感染时，潜伏期 19～48 小时，最长的 4～5 天，一般为最急性或急性经过。死前看不到症状，或死前出现食欲废绝，体温升高，鼻镜干燥，行动迟钝，流泪、流鼻液、呼吸困难。多数兽出现腹式呼吸，并伴有异常的尖叫声。有些病例咯血或鼻出血，鼻孔周围有血液附着。此种病貂自发病后 1～2 天很快死亡。

（四）病理解剖变化

剖检病貂的特征性变化是出血性肺炎，肺充血、出血和水肿，外观呈暗红色，切面流出大量血样液体，严重的呈大理石样变，肺门淋巴结肿大出血，胸腔积液，胸膜有纤维素性渗出物，胸腺（幼兽）布满大小不等的出血点，呈暗红色。心肌弛缓，冠状动脉沟有出血点。胃和小肠前段内有血样内容物，黏膜充出血。脾肿大。

（五）诊断

根据流行病学，临床症状和病理剖检变化可以作出初步诊断。最后确诊需要细菌学检查。利用肝、肾、脾、脑和骨髓等实质器官的病料进行细菌学培养，经 24～48 小时，在肉汤培养基表面形成绿色后，变成淡褐色的薄膜。在琼脂平板上，长出边缘整齐的大菌落。上面染成青绿色，并发出特殊的芳香气味。接种小白鼠、家兔、豚鼠后，常在24小时内死亡。

此外，凝集试验、酶联免疫吸附试验（ELISA）等免疫学方法也可用于本病诊断。

（六）治疗

由于不同的绿脓杆菌，对不同的抗生素药物的敏感性不一致。所以，很多学者认为，在临床实践中用单一的特效药是没用的，应用几种抗生素或与其他抗菌药并用效果较好。如给病貂用多黏菌素、新霉素、庆大霉素、卡那霉素等各1 000～1 500单位，或用多黏菌素2 000单位和磺胺噻唑以每千克体重0.2克，混于饲料内喂给，都能收到效果。

（七）预防

1. 加强饲养管理

提高机体的抵抗力，保持干燥、良好的卫生状况，是预防本病重要措施之一。

2. 进行免疫接种

有人主张在疫区分离到的地方株，制备福尔马林灭活菌苗作预防接种。我国已研制出水貂假单胞菌病，脂多糖菌苗，效果很好，可做预防接种用。

四、沙门氏菌病

沙门氏杆菌病又称副伤寒，是由沙门氏杆菌属的多种细菌引起的以发热、下痢、败血症及母貂流产为特征的传染病。

（一）病原

最常见的沙门氏菌有肠炎沙门氏杆菌、猪霍乱沙门氏杆菌和鼠伤寒沙门氏杆菌。另外，在水貂中还发现有雏白痢沙门氏菌、都伯林沙门氏菌、蒙秦维提尔沙门氏菌、婴儿沙门氏菌等。本菌为粗短杆菌，长1~8微米、宽0.4~0.6微米。两端钝圆，不形成荚膜和芽胞、具有鞭毛，有运动性（雏白痢沙门氏菌和鸡伤寒沙门氏菌除外），为革兰氏阴性菌。在普通培养基上能生长，为需氧兼性厌氧菌。在肉汤内培养，培养基变混浊，后生成沉淀；在琼脂培养基上24小时后生成光滑、微隆起、圆形、半透明的灰白色小菌落。

沙门氏菌能发酵葡萄糖、半乳糖、甘露醇、山梨醇、麦芽糖，产酸产气，但不能发酵乳糖和蔗糖，借以与其他肠道菌相区别。

本菌抵抗力较强，60℃经1小时，70℃经20分钟，75℃经5分钟死亡。对低温也有较强的抵抗力，在琼脂培养基上于-10℃经115天尚能生存，在干燥的沙土中可生存2~3个月，在干燥的排泄物中可存活4年之久。在含20%食盐腌肉中，在6~12℃的条件下，可存活4~8个月。本菌在0.1%升汞、0.2%福尔马林、3%石炭酸溶液中15~20分钟可杀死。

（二）流行病学

1. 易感动物

在自然条件下，毛皮动物中银黑狐、北极狐、海狸鼠等易感。而水貂，紫貂等抵抗力较强。主要感染1~2个月龄的仔貂，成年貂对本病有一定的抵抗力。

2. 传染源

被沙门氏菌污染的饲料是主要传染来源。

3. 传播途径

在自然条件下，经消化道可感染沙门氏菌病，也可通过接触和子宫内感染。

4. 流行特点

本病流行有明显的季节性，一般发生在6—8月，常呈地方性流行，具有较高的病死率，一般可达40%～65%。

(三) 临床症状

自然感染潜伏期为3～20天，平均为14天，人工感染，潜伏期为2～5天。

根据机体抵抗力和病原的毒力，本病在临床上的表现是多种多样的，大致可区分为急性、亚急性和慢性3种。

1. 急性经过时

病貂拒食，先兴奋，后沉郁，体温升高到41～42℃，轻微波动于整个病期，只有在死亡前不久才下降。大多数病貂躺卧于小室内，走动时背弓起、两眼流泪，在笼内缓慢移动。发生下痢、呕吐、在昏迷状态下死亡。一般经5～10小时或延至2～3天死亡。

2. 亚急性经过时

主要表现胃肠机能高度紊乱，体温升高到40～41℃，精神沉郁，呼吸频数，食欲丧失。病貂被毛蓬乱无光、眼睛下陷无神。有时出现化脓性结膜炎。少数病例有黏液性化脓性鼻漏或咳嗽。病貂很快消瘦、下痢，个别有呕吐。粪便变为液体状或水样，混有大量胶体状黏液，个别混有血液。四肢软弱无力，特别是后肢不全麻痹。在高度衰竭情况下，7～14天死亡。

3. 慢性经过病貂时

消化机能紊乱，食欲减退，下痢、类便混有黏液，进行性消瘦。贫血，眼球塌陷，有的出现化脓性结膜炎。被毛蓬乱、粘结、无光泽。病貂卧于小室内，很少运动。走动时步履不稳，行动缓慢，在高度衰竭的情况下，经3～4周死亡。在配种和妊娠期流行本病时，造成大批空怀和流产，空怀率达14%～20%。

仔貂10日龄以内病死率高达20%～22%，多数病貂在妊娠中后期发生流产。

哺乳期仔貂患病时，表现虚弱，不活动，吮乳无力，无集群能力，在窝内呈散乱状态，叫声嘶哑无力，发育滞后。病程为2～3天，个别的病程长达7天，多数以死亡告终。

（四）病理解剖变化

病死貂血凝不良，实质器官颜色变淡，膀胱积尿，黏膜、皮下脂肪、浆膜见轻微黄疸。肝、脾、肾肿大、黄染、质脆，切面多汁，特别是脾脏显著肿大，为3～8倍以上。胃肠空虚，胃、肠黏膜均有不同程度的肿胀、出血或坏死。妊娠期死亡母貂子宫肿大，内膜覆有纤维素性污秽物。

（五）诊断

根据流行病学，临床症状及病理变化，可以做出初步诊断，确诊需做细菌学检查。可以从死亡的脏器和血液的病料

中分离细菌进行培养，进行生物学检查。用无菌方法采血，接种于3～4支琼脂斜面或肉汤培养基内，在37～38℃温箱中培养，经6～8小时便有该菌生长，将其培养物和已知沙门氏菌阳性血清做凝集反应，即可确诊。

（六）治疗

治疗原则：抗炎、解热、镇痛。一般用氯霉素、新霉素和左旋霉素等抗生素治疗。为保持心脏功能，可皮下注射20%樟脑油，也可以用泰诺康注射液，拜有利注射液。（药品使用剂量、方法参照说明书）。

镇痛解热药：安痛定注射液，为了保持体内电解质平衡，防止脱水，有条件的可以静脉补液5%葡萄糖生理盐水。

（七）预防

1. 加强饲养管理

及时更换饲料、饮水，不使用患沙门氏菌病的畜禽肉及被污染的饲料饲喂水貂，对笼箱、小室、食具等经常消毒。加强母貂妊娠期、哺乳期和仔貂断奶期的饲养管理，提高其抗病能力。

2. 药物预防

在本病高发季节6—8月，饲料中加入预防性的药物，如抗生素或磺胺类药物。

五、魏氏梭菌病

魏氏梭菌病又称肠毒血症，是由魏氏梭菌引起的家畜和毛皮动物急性中毒性传染病。水貂、狐、海狸鼠、毛丝鼠、麝鼠等动物均易感染，幼貂最敏感。

（一）病原

病原菌为梭状芽孢杆菌属产气荚膜杆菌科，多为直或稍弯的梭杆菌，两端钝圆，大小为（3～8）×（0.5～1.0）微米，均能形成芽孢，芽孢呈圆形或椭圆形，当芽孢位于中央且比菌体大时，则菌体呈梭状。根据抗原和产生的毒素的不同分为A、B、C、D、E、F 6个型。该菌广泛的存在于自然界，在土壤、污水、人和动物肠道及其粪便中。在厌氧条件下，当温度30～43℃时，于富含蛋白质和碳水化合物的培养基上，很好地生长，并产生大量毒素和气体。遇不良条件形成芽孢，具有较强的抵抗力，煮沸15～30分钟内死亡，A和F型菌的芽孢能忍受煮沸1～6小时。这些细菌的毒素，煮沸30分钟被破坏。

（二）流行病学

1. 易感动物

水貂仔兽对本病最易感，北极狐仔兽也易感，成年狐少发。

2. 传染源

水貂吞食本菌污染的肉类饲料或饮水而被污染，用细菌学检查这些饲料可以得到证实。曾从这些饲料中，分离出魏氏梭菌，有些病例从鱼和鱼肝中分离本菌。

3. 传播途径

主要经消化道感染。病原菌随着粪便排出体外，毒力不断增强，传染不断扩散。1～2个月或更短的时间内，罹患大批动物。

4. 流行特点

该病流行初期，个别散发流行，出现死亡。双层笼饲养或一笼多只饲养，以及卫生条件不好，能促进本病发生和发展。

（三）临床症状

本病潜伏期为12～24小时，流行初期一般无任何临床症状而突然死亡。病貂食欲减退或废绝，很少活动，久卧于小室内，步态蹒跚，呕吐。粪便为液状，呈绿色混有血液。常发生肢体不全麻痹或麻痹。头震颤呈昏迷状态，病死率约90%。

（四）病理解剖变化

皮下组织水肿，胸腔内混有血样渗出液，膈和肋膜有出血点或出血斑。甲状腺增大有点状出血，肝脏肿大，呈黄褐色或土黄色。

胃、肠黏膜肿胀充血、出血，幽门部有小溃疡灶，黏膜下有出血；肠系膜淋巴结增大，切面多汁，有出血点；肠内容物呈暗褐色，混有黏液或血液。

（五）诊断

根据流行病学、临床症状、剖检变化和细菌学检查可以确诊。

1. 细菌学检查

采取新鲜病料接种于肝片肉汤培养基中，发育迅速，在5～8小时即混浊，并产生大量气体，气体穿过干酪蛋白凝块，使之变成多空样海绵状，这种现象称为“暴烈发酵”，可应用于本病的快速诊断。

2. 动物试验

取本菌培养物0.1~1.0毫升，接种于豚鼠皮下，局部迅速发生严重的气性坏疽，皮肤呈绿色或黄褐色，湿润，脱毛，易破裂，局部肌肉不洁，呈灰褐色的煮肉样，易断裂，并有大量的水肿液和气泡。通常在接种后12~24小时死亡。用培养物喂幼兔，可引起出血性肠炎而死亡。

3. 毒素测定

取病死动物回肠内容物，以生理盐水稀释2倍，用每分钟3 000转离心15分钟，取上清液用EK虑板虑过，取滤液0.1~0.3毫升，给小白鼠尾部静脉注射（或腹腔注射），小白鼠在24小时内死亡，证明含有毒素。

（六）治疗

由于水貂野性比较强，患病不易发现，体小灵活不好保定，所以治疗比较困难，效果也不理想。一般采取用抗生素、磺胺和沙星类药物肌肉注射或预防性投药，用新霉素、土霉素、黄连素、喹乙醇、氟哌酸等药物，每千克体重按10毫克投于饲料中喂给，早晚各一次，连用4~5天。肌肉注射庆大霉素1~2毫升或甲硝唑4~5毫升，为了促进食欲，每天还可肌肉注射维生素B_1或复合维生素B注射液和维生素C注射液各1~2毫升，重症可皮下注射或腹腔注射补液。注射5%葡萄糖盐水10~20毫升，背侧皮下多点注射。也可腹腔一次注入（但液体不能太凉）。

（七）预防

为预防本病的发生，主要是不喂腐败变质的饲料。当发生本病时，应将病貂和可疑病貂及时隔离饲养和治疗，病貂污染的笼舍，用1% ~2% 氢氧化钠溶液或火焰消毒；粪便和污物，堆放指定地点进行生物热发酵。地面用10% ~20% 新鲜的漂白粉溶液喷洒后，挖去表土，换上新土。

六、李氏杆菌病

水貂李氏杆菌病主要以败血症经过，伴有内脏器官（心内膜炎、心肌炎）和中枢神经（脑膜脑炎）系统发病，单核细胞增多为特征的急性细菌性传染病。

（一）病原

病原体是单核细胞增多李氏杆菌。李氏杆菌为两端钝圆的平直或弯曲的小杆菌，不形成荚膜和芽孢，具有一根鞭毛，能运动，革兰氏染色阳性，但在老龄培养物上易脱色。

李氏杆菌具有较强的抵抗力，对盐和碱的耐受能力较大，在20% 食盐水中经久不死，在牛乳中经巴氏消毒后仍能存活；李氏杆菌对高温抵抗力比较强，100℃经 15 ~30 分钟，70℃30 分钟死亡；但对消毒药抵抗力不强，2.5% 石炭酸溶液 5 分钟，2.5% 氢氧化钠溶液 20 分钟，2.5% 福尔马林溶液内 20 分钟，75% 酒精 75 分钟被杀死。

（二）流行病学

1. 易感动物

兔最易感，狐、貂、毛丝鼠、海狸鼠、犬、猫均有感染性。实验动物豚鼠、小白鼠、大白鼠易感，但对鸽子无致病性。

2. 传染源

主要传染来源是病貂，感染动物通过粪尿、乳汁、流产胎儿、子宫分泌物、精液、眼鼻分泌物排菌。

3. 传播途径

传染途径主要是经消化道进入机体，通过被污染的饲料和饮水，以及直接饲喂带有李氏杆菌病的畜、禽、肉类饲料（副产品）等，都能使水貂感染发病。

4. 流行特点

本病虽然没有明显的季节性，但多发于春、夏季节。

（三）临床症状

幼貂发生李氏杆菌病时，出现沉郁与兴奋交替进行、食欲减退或拒食。兴奋时，出现共济失调、后躯摇摆和后肢不全麻痹。咀嚼肌、颈部及枕部肌肉震颤，呈痉挛性收缩，颈部弯曲、有时向前伸展或转向一侧或仰头。部分出现转圈运动，此时病貂到处乱撞，采食饲料时，出现颚、颈的痉挛性收缩，从口中流出黏稠的液体，常出现结膜炎、角膜炎、下痢和呕吐。在粪便中发现淡灰色黏液血液。成年水貂除有上述症状外、还伴有咳嗽、呼吸困难，呈腹式呼吸。仔貂病程从出现症状起 7～28 天死亡。妊娠水貂患李氏杆菌病，突然拒食，躲于小室内，运动障碍，共济失调。后肢不全麻痹，病程 6～10 小时死亡。

（四）病理解剖变化

水貂死后剖检，心外膜有出血点，肝脏脂肪变性（脂肪性营养不良），呈土黄色或暗黄红色，被膜下有出血点和出血斑。脾脏增大3~5倍，有出血点和出血斑。肠黏膜卡他性炎症。脑软化，水肿。

(五) 诊断

根据流行病学、临床症状、病理剖检变化和细菌检查可以确诊。要注意与巴氏杆菌病和脑脊髓炎及犬瘟热的区别。

(六) 治疗

治疗李氏杆菌病目前尚无特效疗法。各种抗生素均有良好的治疗效果，尤其早期大剂量使用疗效更显著。

用氯霉素配合青霉素或链霉素，治疗效果较好。链霉素每只5万~10万单位肌肉注射，每日2~3次。青霉素10万~20万单位肌肉注射，每日2~3次，新霉素每只1万单位混于饲料中喂下，每日3次，可取得较好的效果。庆大霉素每只25万单位肌肉注射，每日2次。也可应用磺胺二甲基嘧啶和长效磺胺，每只0.1~0.2克内服，每日3次。

在应用抗生素或磺胺类治疗的同时，也要注意对症治疗。强心补液，可注射复合维生素B或维生素B_1注射液，每次1~2毫升，镇静可肌肉注射盐酸氯丙嗪，每只0.2~0.5毫升，每日2次。

(七) 预防

加强卫生防疫，特别是李氏杆菌病，也属条件性传染病，病原在土壤中丛生，所以要经常消毒，搞好环境卫生，灭鼠。特别是阴雨连绵的季节要加强防疫，饲料要加强管理。

七、水貂嗜水气单胞菌病

水貂嗜水气单胞菌病是由嗜水气单胞菌引起的一种以出血性败血症及血痢为特征的一种新发现的人兽共患的传染病。

（一）病原

嗜水气单胞菌是弧菌科气单胞菌属，革兰氏染色阴性，两端钝圆，能运动，不形成芽孢和荚膜，兼性厌氧菌。嗜水气单胞菌产生多种外毒素，具有溶血性，可引起接种部位皮肤肿胀坏死及肠毒性作用。毒素对热敏感，56℃加热10分钟，即可消除溶血作用、细胞毒性作用和肠毒性。

（二）流行病学

1. 易感动物

水貂对此菌有较高的易感性，发病率为66%左右，致死率为97%，断乳后的仔貂比成年貂易感，故青年水貂发病率高于成年貂。

2. 传染源

嗜水气单胞菌是水中栖息菌，广泛存在于淡水、海水和含有有机物质的池塘淤泥中，也寄生在鱼类体表，是两栖类（蛙）、爬虫类和鱼类重要病原菌，所以，鱼类和水是本病的主要传染源。

3. 传播途径

本病主要由消化道感染，水貂吃了未经无害处理的（煮沸）鱼类的饲料和水，极易引起本病暴发流行。

4. 流行特点

本病一年四季都可发生，但多见于夏秋两季，饲养管理不好，动物瘦弱，卫生条件差，可促进本病的发生。本病发病急，病程短，常呈地方性流行。

(三) 临床症状

人工感染潜伏期为3~4天，自然感染病貂，潜伏期与饲料的污染程度和水貂体况有关，通常3~5天。急性病例突然发病，抽搐、惊叫，病貂表现食欲减退或废绝，精神萎靡，体温高达40℃以上，有的迅速死亡。亚急性病貂（例）主要表现减食、拒食，精神萎靡，眼睛发炎潮红，流涎、下痢，呼吸困难，最后痉挛昏迷而死。约有20%的病貂出现后肢麻痹。

(四) 病理解剖变化

出血性变化是本病特征性的病理剖检学变化。皮肤剥开，皮下组织水肿，胶样浸润。气管和支气管内有淡红色泡沫样液体。气管黏膜充出血，有出血点，喉水肿，肺脏有大小不等的出血点或出血斑，部分肺小叶呈肉囊状。肝脏边缘钝性肿大，呈土黄色、质脆，被膜上有出血点。脾肿大，有散在的出血点，偶见坏死灶。肠系膜淋巴结肿大，切面有出血点、多汁。肠黏膜有散在的出血点，有的病例胃黏膜脱落。有些病例脑膜和脑实质可见出血点。

(五) 诊断

根据流行病学和临床症状，剖检变化可以怀疑本病，确诊必须做细菌学检查。

1. 镜检

剖开胸、腹腔无菌采取心血、肝、脾、肺等病料进行涂片，干燥固定，进行革兰氏染色，镜检，可以看到革兰氏阴性小杆菌。

2. 细菌分离培养

无菌方法采取心血、肝、脾、肾、淋巴结等组织分别接种于普通琼脂、绵羊血琼脂和麦康凯氏琼脂培养基中，分别放37℃，10～20℃，10%二氧化碳厌氧条件下培养，可见到典型菌落。

3. 动物试验

以无菌方法采取濒死或刚死不久的新鲜的病貂肝、脾病变组织制成10%的悬液（即1：10），或纯分离的24小时的细菌培养物，经口或皮下接种没有病的水貂，一般3～7天发病致死，也可以给小白鼠腹腔接种，2～4天发病死亡。

（六）治疗

早期应用链霉素，氯霉素、庆大霉素、四环素、卡那霉素，能收到良好的效果。同时，也要配合一些辅助疗法如调节食欲给一些适口性强的新鲜的肉蛋类，防止出血注射止血剂；促进食欲加强代谢能力，可肌肉注射复合维生素B注射液和维生素C等注射液。

（七）预防

加强兽场内卫生防疫工作，管好水源，不要用河水、池塘水喂水貂和洗刷饲养用具（如食盆、水槽等）。鱼类饲料（海杂鱼、淡水鱼）喂前要彻底冲洗后，经蒸煮无害化处理后再喂，严禁生喂。要用自来水或地下水。冷藏饲料的库房（冷库火热冷藏冰箱）要定期消毒。发现该病要立即更换饲料成分，除去可疑饲料，并在混合料中加喂抗生素药物。食具要煮沸消毒。

八、水貂克雷伯氏菌病

克雷伯氏菌病是由肺炎克雷伯氏菌和臭鼻克雷伯氏菌引起的以脓肿、蜂窝织炎，麻痹和脓毒败血症为特征的细菌性传染病。

（一）病原

克雷伯氏菌属于肠杆菌科肺炎克雷伯氏菌属中的肺炎克雷伯氏菌，革兰氏阴性，常呈两极着色。在培养基上呈多形性，在病料中多为短粗卵圆形杆菌，无论在动物体内还是在培养基内均可形成肥厚的大荚膜，约为菌体的 2~3 倍大，久经培养后，则失去其黏稠的大荚膜。

本菌对 0.0025% 升汞、0.2% 氯胺具有较高的敏感性。在 0.2% 石炭酸中 2 小时失去活性，对氯霉素、卡那霉素及呋喃唑酮等抗菌药敏感。

（二）流行病学

1. 易感动物

克雷伯氏菌对多种哺乳动物和禽类均有较强的致病性和传染性，毛皮动物中水貂、麝鼠等均易感克雷伯氏菌病。

2. 传染源

感染克雷伯氏菌病的动物、动物粪便、被污染的水和污染的饲料（肉联厂的下脚料，如乳房、脾脏、子宫等）都是本病的传染源。

3. 传播途径

通过污染的饲料，或患病动物的粪便和被污染的水传播，但克雷伯氏菌病的传染方式，尚不十分清楚。

4. 流行特点

常呈地方性暴发流行，亦有散发。

（三）临床症状

根据临床表现可分为4个类型。

1. 脓疱型

病貂精神沉郁，食欲减退，周身出现小脓疡，特别是颈部、肩部出现许多小脓疱，破溃后流出黏稠的白色或淡蓝色的脓汁。大多数形成瘘管，局部淋巴结形成脓肿。

2. 蜂窝织炎型

多在喉部出现蜂窝织炎，并向颈下蔓延，可达肩部，化脓、肿大。

3. 麻痹型

食欲不佳或废绝，后肢麻痹、步态不稳，多数病貂在出现症状后2~3天死亡。如果局部出现脓疱，则病程更短。

4. 急性败血型

突然发病，食欲急剧下降或废绝，精神高度沉郁、呼吸困难，在出现症状后很快死亡。

（四）病理解剖变化

1. 脓疱型

体表有脓疱，破溃流出黏稠的灰黄白色的脓汁，特别是

颌下或颈部淋巴结易出现这种情况。内脏器官变化，肝脏变性呈土黄色（脂肪性营养不良），被膜下有点状或斑状出血，脾肿大3~5倍，有出血斑点，心外膜有出血点，脑实质软化、水肿。

2. 蜂窝织炎型

肝脏明显肿大，质硬而脆弱，充血、淤血，切面有多量凝固不全、暗褐红色的血液流出，切面外翻，被膜紧张，有出血点。胆囊增厚，有针尖大小的黄白色病灶。脾肿大3~5倍，充淤血、血，呈暗紫黑红色，被膜紧张，边缘钝，切面外翻，擦过量多。肾上腺肿大，肺有小脓肿。在颈部或躯体其他部位发生蜂窝织炎时，局部肌肉呈灰褐色或暗红色。

3. 麻痹型

除上述器官变化外，伴有膀胱充满黄红色尿液，膀胱黏膜增厚，肾肿大，脾肿大。

4. 急性败血型

尸体营养状态良好。死前有明显呼吸困难的病貂，呈现化脓性或纤维素性肺炎和心内膜炎、心外膜炎。脾肿大，肾有出血点或充血性梗死，胸腺有出血斑。

(五) 诊断

根据病貂的临床表现，病理剖检变化和细菌学检查情况，方可做出诊断。此病应和链球菌病，结核杆菌引起的脓肿加以区别。

(六) 治疗

当水貂场发现克雷伯氏菌病时，应将病貂和可疑病貂及时隔离出来。用庆大霉素、卡那霉素、氯霉素、环丙沙星、蒽诺沙星、磺胺类药物进行治疗。如果体表发生脓肿。可切开排脓，用双氧水冲洗创腔，撒布消炎粉或其他制菌药物，同时，肌肉注射庆大霉素。口服环丙沙星，每只貂按10毫克服用，连服5~7天。

（七）预防

注意饲料的卫生和管理，垫草不要用带刺和有芒的草类，以免发生外伤感染，小室（产箱）要经常打扫消毒，保持干燥。

九、水貂丹毒病

水貂丹毒病是以急性败血症经过、严重呼吸困难及迅速死亡为特征的传染病。

（一）病原

本病的病原为丹毒杆菌属中的红斑丹毒杆菌，革兰氏染色阳性，菌体呈纤细、微弯或平直的小杆菌。无芽孢、无荚膜、无鞭毛，单在、成对或成丛存在。

由于菌体表面有一层蜡样膜覆盖，对外界的抵抗力很强，肉内的细菌经盐腌或熏制后，能存活3~4个月，在掩埋的尸体内能活7个多月。对消毒药的抵抗力较弱，常用的消毒药如5%的漂白粉溶液、5%~10%石灰乳、石炭酸等都都有较好的消毒效果。

（二）流行病学

1. 易感动物

水貂及其他肉食动物均易感。

2. 传染源

被丹毒菌感染的发病动物和带菌动物是主要传染源。

3. 传播途径

感染的途径有消化道感染，如水貂吃了被污染的饲料和饮水等而引起发病；损伤的皮肤感染，如土壤、环境等污染后，病原菌经水貂损伤的皮肤而感染发病；吸血昆虫感染，如蚊、蝇、虱、蜱等叮咬，可传播本病。

4. 流行特点

本病一年四季均可发生，但夏季多发，病貂不分年龄和性别都可发生本病，但以阿留申貂易感性高，多散发。

（三）临床症状

病貂多呈急性经过，表现为精神沉郁、萎靡不振、食欲减退或废绝。口腔、鼻腔、结膜等黏膜发绀，鼻镜干燥，鼻腔和眼角有黏性分泌物。后肢关节肿大，行走困难，有的呈瘫痪状态。趾掌部水肿，排粪排尿失禁。体温高达42℃，高热稽留，呼吸困难，呼吸频数。常于发病后2～8小时死亡。

（四）病理解剖变化

全身以急性败血症变化为特征，肺充血，水肿；有的心包积水、心肌发炎、心内膜有点状出血；脾脏淤血肿大，呈樱桃红色；胃肠充血、出血；肾脏有大小不等的出血点；淋巴结肿大、充血，切面多汁。

（五）诊断

根据临床症状和病理剖检特点结合细菌学检查可疑似本病。

确诊细菌学检查　取新鲜的心血、脾、肾或淋巴结等病料涂片，染色镜检，可见革兰氏阳性，细长的、成对或成丝状的杆菌。

（六）治疗

病貂可用血清及抗生素治疗，抗丹毒血清3~5毫升皮下注射，24小时后重复注射一次，发病初期应用效果很好。青霉素1万单位/千克体重，肌肉注射，每日2~3次。拜有利注射液，每千克体重0.05毫升，肌肉注射每天1次。为促进食欲可注射复合维生素B注射液1~2毫升。

（七）预防

严防喂给污染的动物性饲料，特别注意鱼类饲料的检查。用屠宰猪的下脚料一定要高温处理后熟喂，而且要严格管理，生熟分开。养貂场要尽量远离猪、鼠类、鸽子和兔，减少接触机会，避免貂被带菌动物传染。

对笼具要用消毒药定期消毒。

可尝试接种猪丹毒活菌苗和甲醛菌苗，每只皮下注射1毫升。

十、水貂双球菌病

双球菌病又称双球菌败血症，是水貂、狐、貉等毛皮动物易感的急性细菌性传染病，以脓毒败血症为特征，并伴有内脏器官炎症和体腔积液，发病率及死亡率很高。

（一）病原

本病原为肺炎双球菌，菌体呈球形或卵圆形，排列成对。革兰氏阴性菌，能形成荚膜。该菌对外界因素的抵抗力很弱，60℃10 分钟死亡，一般消毒药可在短时间内杀死，对青霉素、金霉素及磺胺类比较敏感。

（二）流行病学

1. 易感动物

水貂及其他毛皮动物，不分品种、年龄、性别均可感染。

2. 传染源

带菌的毛皮动物、病畜的肉、奶是主要传染源。

3. 传播途径

经消化道感染，也可以通过胎盘和呼吸道感染。

4. 流行特点

该病的流行没有季节性，成年水貂多发于妊娠期，幼龄水貂常呈暴发流行。当饲养管理失调，卫生条件不好，饲料不全价以及寒冷等诸多因素影响，均能诱发本病。

（三）临床症状

本病的潜伏期 2 ~6 天。新生仔貂发病时常无特征性临床症状而突然死亡。日龄较大的仔貂表现精神沉郁、拒食、步态摇摆、前肢屈曲、拱背、呻吟、躺卧不起，摇头、呼吸困难、腹式呼吸，从鼻和口腔内流出带血的分泌物，有的下痢。孕貂易发生流产、空怀。

（四）病理解剖变化

肺充血肿大，气管、支气管内有出血性、纤维素性和黏液性渗出物。腹腔、胸腔及心包内有化脓性渗出物。脾脏微肿大；肝肿胀，表面有黄黏土色条纹；淋巴结肿大充血。

（五）诊断

根据临床症状和病理剖检变化可以怀疑本病，要确诊必须做细菌检查。采取肝、心血、淋巴结及各种渗出物涂片染色，镜检，本菌为革兰氏阳性，成对排列的双球菌。

（六）治疗

病貂可用抗牛犊或羔羊双球菌病高免血清治疗，每只貂皮下注射 3～5 毫升，每日 1 次，连用 2～3 天，同时，配合抗生素及磺胺类药物进行治疗。还应加强对症治疗，强心、缓解呼吸困难，肌肉注射樟脑磺酸钠，每只 0.3～0.4 毫升，为促进食欲每天肌肉注射维生素 B_1 注射液，维生素 C 等，每天每只各注射 1～1.5 毫升。

（七）预防

对貂群加强饲养管理，清除不良因素，提高动物体的抵抗力。饲料要全价，断奶分窝要及时调整饲料组成和稠度。增加鲜饲料和维生素类的补给，严禁饲喂病畜肉、奶。在饲料内添加一定量的金霉素、新霉素或多粘菌素，可预防本病。

十一、炭疽病

炭疽是由炭疽杆菌引起的人兽共患、急性、热性、败血性传染病。以突然发病、高热、黏膜发绀，天然孔出血，脾脏肿大，皮下和浆膜下结缔组织浆液性、出血性浸润为特征的烈性传染病。

（一）病原

炭疽杆菌是大型杆菌，在动物体内形成荚膜，单个或2～5个形成短链，菌体与菌体相连得两端平截，相连呈竹节状，游离端呈钝圆为主要特征，具有鉴别意义。在人工培养基上不形成荚膜，呈长链状排列。易为苯胺染料着色，为革兰氏阳性大杆菌。本菌在外界环境条件下，有充足氧气和湿度，在12～30℃时形成芽孢，芽孢呈卵圆形，位于菌体中央。形成芽孢后，菌体分解，芽孢游离于外界环境中，具有很强的抵抗力。

炭疽杆菌本身抵抗力不强，75℃经1分钟能被杀死（一般消毒药亦很快杀死），但炭疽杆菌在外界环境不良的条件下，能形成芽孢，这种芽孢具有顽强的抵抗力。在土壤和水中保持10年，仍有生命力，在干燥条件下于140℃经3小时，煮沸经10～15分钟，110℃高压下5～10分钟才能被杀死。1%升汞数分钟到数小时，5%石炭酸24小时，才能杀死。

（二）流行病学

1. 易感动物

在自然条件下，水貂，紫貂、兔和海狸鼠、麝鼠易感；银黑狐、北极狐钝感；貉对炭疽杆菌有较强的抵抗力。实验动物中的小白鼠和豚鼠易感。

2. 传染源和传播途径

毛皮动物食入带有炭疽病的动物性饲料而感染。吸血昆虫和野鸟可能成为传染媒介。

3. 流行特点

本病没有季节性，一年四季均可发生，但夏季多见，特别是洪水泛滥以后易流行。如果吃了被炭疽杆菌污染的肉类饲料，可在短期使经济动物大批发病，在2～3天内出现死亡高峰，之后死亡曲线下降。如果不采取扑灭措施，可长期在兽场内有传染性，造成重大经济损失。

（三）临床症状

水貂病程为20～30分钟到2～3小时，呈急性经过。病貂体温升高，呼吸频数加快、步态蹒跚、渴欲增加、拒食、血尿和腹泻、粪便内混有血块和气泡，常从肛门和鼻孔里流出血样泡沫。咳嗽、呼吸困难、抽搐。一般转归死亡。

（四）病理解剖变化

死于炭疽病的尸体，一般严禁解剖，在特殊情况下需要解剖时，应在严密控制下进行。炭疽特征性病理变化：血液凝固不全，呈酱油样，尸体迅速腐败而膨胀，天然孔流血，皮下及浆膜下出血性胶样浸润，脾肿大，软化如泥，全身淋巴结肿大。

（五）诊断

根据临床症状和病理剖检可以作出初步诊断，最终确诊还要靠血清学检查和细菌学检查。

1. 细菌学检查

镜检：急性死亡病貂的新鲜病料中，炭疽杆菌具有特征性的菌体形态和荚膜，对于病的确诊和类症鉴别具有重要的诊断意义。取尸体末梢（耳或肢体）血管血液涂片、固定后，用荚膜染色法染色，若涂片中见有短链，两端呈竹节状带有荚膜的大杆菌时，即可确诊。采取病料后局部创口应以碘酊或升汞棉球堵塞并包扎，或烧烙，以防污染周围环境。

2. 血清学检查即沉淀反应

本法是一种简便、快速、检出率和特异性高的诊断方法。无论是新鲜病料或陈旧腐败的病料，都可用此法诊断。检查时，取病死动物血液 5 毫升或肝、脾 1 克左右，于乳钵中研成糊状，再用灭菌生理盐水制成 5 ~ 10 倍悬液，放入试管中，于水中煮沸 15 ~ 30 分钟，冷却后过滤。用毛细吸管吸取透明滤液缓缓地沉积于装在细玻璃管中的炭疽沉淀素血清上，于 1 ~ 5 分钟内如两液接触面出现清晰的白色沉淀环时为阳性，即可确诊为炭疽。

（六）治疗

可应用抗炭疽血清进行特异性治疗。水貂及紫貂皮下注射抗炭疽血清，成年兽 3 ~ 5 毫升，幼兽 1 ~ 3 毫升。

药物治疗：青霉素有效，水貂和紫貂每次肌肉注射 15 万 ~ 20 万单位，每日 3 次肌肉注射。

（七）预防

建立卫生防疫制度，严禁采购、饲喂原因不明或非自然死亡的动物肉。

预防接种。疫区每年应注射炭疽疫苗，用法用量可按疫苗使用说明书使用。

对可疑病貂进行隔离治疗，死后不得剖检和取皮，一律焚烧或深埋。被病貂污染的笼舍进行火焰消毒。也可用20%漂白粉溶液，或用5%硫酸石炭酸合剂消毒。被污染的垫草和破损的低值易耗品烧掉。地面用漂白粉消毒后，铲除10厘米厚土层。

饲养人员应严格遵守防护制度，以防感染。

十二、链球菌病

链球菌病是由链球菌引起的多种动物包括家畜、家禽类的传染病，人也可感染。本病也是幼龄水貂常见的败血型传染病。其临床特征表现多种多样，能引起各种化脓性感染和败血症，有的只发生局限感染。

（一）病原

病原为β型溶血性链球菌，本菌多呈链状排列，链长短不一，短链2~3个菌体排成一串，长者20~30个菌连在一起，革兰氏阳性菌。

链球菌抵抗力不强，加热50℃，30分钟可被杀死，对青霉素、金霉素、四环素、磺胺类，蒽诺沙星等广谱抗菌药物都比较敏感，但有时产生抗药性。

（二）流行病学

1. 易感动物

出生后5~6周水貂易感，成年水貂很少发病。

2. 传染源

本菌广泛分布于水、土壤、空气、土壤及动物与人的肠、粪便、呼吸道、泌尿生殖道中，β溶血性链球菌的肉类饲料、饮水或病畜肉、下脚料和患病动物是本病的传染源。

3. 传播途径

一般经消化道，呼吸道及各种外伤而感染。

4. 流行特点

无明显的季节性，多散发。

（三）临床症状

最急性的见不到任何症状，前一天晚上饮食正常，次日早晨就已死亡。病程短的仅为0.5~2小时。急性的病貂突然拒食，精神沉郁，不愿活动，步态蹒跚，呼吸急促而浅表，有的病貂流鼻液，眼内有脓性分泌物，后期出现共济失调，肌肉麻痹，尿失禁，有的貂拉血便，一般出现症状后，24小时内死亡。亚急性的病貂出现于发病后期，病程在1天以上，经治疗多能痊愈。

（四）病理解剖变化

最急性和急性经过的病尸营养状态良好，体表、胸腹部及四肢内侧皮肤呈蓝紫色，血凝不良呈煤焦油状。食道黏膜充血，胃黏膜呈卡他性炎症，肠内有黑褐色血样物质，肠系膜淋巴结肿胀，有针尖大小的出血点。肝脏肿大，质地脆弱，表面呈弥漫性黄褐色，切面呈红黄色；脾脏肿大3~5倍，呈紫红色，有小米粒大的灰白色化脓灶；肺充血水肿，有的呈点状或弥漫性出血斑；肾充血肿大，色泽呈灰褐色，有针尖大小出血点；心肌柔软，呈暗红色，内有血凝块；脑膜血管充血。妊娠母貂子宫弥漫性充、出血，胎儿水肿、全身淤血，均为死胎。幼貂可见膀胱黏膜有出血性化脓性炎症。

（五）诊断

根据流行病学和临床表现可以怀疑本病，确诊还要靠细菌学检查。

1. 直接涂片镜检

用病死貂的肝、脾及淋巴结直接涂片，革兰氏染色镜检，可见有单个、成对排列或呈链状排列革兰氏阳性球菌。

2. 细菌培养

用病死貂肝、脾、淋巴结分别接种于普通营养琼脂和绵羊血琼脂平板，于37℃培养24小时，绵羊血琼脂平板上见有细小、半透明、光滑明亮、圆形、边缘整齐，有溶血环呈露珠状的菌落。而在普通琼脂上细菌不生长。将培养物涂片，革兰氏染色镜检：可见到大量的多以5~8个长链状排列的革兰氏阳性球菌。

（六）治疗

青霉素、磺胺类药物对治疗本病有良好的效果。每只病貂每次肌肉注射10万~20万单位青霉素，每日3次，或用拜有利注射液，每千克体重0.05毫升，每日1次肌肉注射，为了促进食欲，每天注射复合维生素B注射液或维生素B_1注射液0.5~1毫升。

大群可以采取预防性投药，在饲料中加入预防量的土霉素粉或氟哌酸之类的药物，增效磺胺也可以。及时隔离病貂，对笼舍、食具进行消毒，消除小室内垫草，并烧毁或进行生物热发酵。

（七）预防

加强对饲料的管理，防蝇、防鼠，对来源不清或污染的饲料要经高温处理（煮沸）再喂动物。有化脓性病变的动物内脏或肉类应废弃不用。来源污染地区的垫草不用。不用有芒或有硬刺的垫草，以免发生刺伤，增加感染机会。

十三、肉毒梭菌毒素中毒

本病是由梭状芽胞杆菌属肉毒梭菌污染肉类或鱼类等动物性饲料，产生大量外毒素，导致水貂急性食物性中毒的疾病。特别是 C 型肉毒梭菌最为严重，病貂多为最急性经过，少数为急性病例。

（一）病原

肉毒梭菌又称腊肠杆菌，引起水貂中毒的多为 C 型，肉毒梭菌为专性厌氧菌，呈单在或成对排列，运动性较弱，顶端芽孢呈网球拍状。能分解蛋白质，产生外毒素，毒性极强，已超越所有已知细菌毒素。此毒素具有较强的抵抗力，对低温和高温都耐受。当温度达到 105℃时，经 1 ~ 2 小时才能破坏。

（二）流行病学

1. 易感动物

所有动物都可引起中毒，但水貂较银黑狐、北极狐敏感。本病没有年龄、性别和季节的区别，常呈群发。病程 3 ~ 5 天，个别有 7 ~ 8 天。

2. 传染源

水貂肉毒梭菌中毒的传染源主要是被该菌污染的饲料。

3. 传播途径

当肉、鱼饲料被肉毒梭菌污染后，在繁殖过程中产生大量的外毒素，水貂吃了这种饲料，就会发生中毒。

4. 流行特点

本病没有季节性，一年四季均可发生，不分年龄、性别均易感。本病的严重性和延续时间，决定于水貂或动物食入的毒素量。病死率高达100%。

（三）临床症状

于食后8～10小时到24小时，突然发病。最慢者48～72h，多为最急性经过，少数为急性病例。

病貂出现运动不灵活，躺卧，不能站立，拖腹爬行，先后肢出现不全麻痹或麻痹，继而前肢也出现麻痹。病貂出入小室困难，常滞留于小室口处，即一脚门里，一脚门外，意识在进入昏迷之前，一直很清楚。将病貂拿在手中，躯体瘫软似未尸僵的死貂，瘫软无力。

有的病貂出现神经症状，流涎、吐白沫、颌下被毛湿润，瞳孔散大，眼球突出。有的病貂痛苦尖叫，进而昏迷死亡，较少看到呕吐和下痢。有的病貂没有明显症状而突然死亡，死前呈现阵挛性抽搐。

（四）病理解剖变化

剖检无特征性病理性变化。急性死亡的患貂胃内充满食物，病程长的患貂胃内空虚，仅有少量胃液。咽喉部有灰黄色覆盖物，偶见有出血点或出血斑；胃黏膜有卡他性炎症；肠浆膜有出血点；肺充血水肿呈红色；肝表面粗糙不平，色淡黄或土黄，肾表面有出血点或淤血点；膀胱麻痹，充满尿液；脑膜及延脑充血、出血。

（五）诊断

根据流行病学突然发病，大批死亡和出现典型症状，肌肉松弛，麻痹和不完全麻痹等，可以初步诊断。为了确诊应检查吃剩下的饲料和死亡尸体有无肉毒梭菌毒素。具体方法如下。

将饲料或胃肠内容物做1∶2稀释。放在钵中研磨，浸出1~2小时，滤过备用。选健康豚鼠为实验动物，第1组投给滤过液10~12毫升，第2组投给100℃的检样做对照。如第1组豚鼠发病死亡，第2组不发病死亡，即可确诊。因该毒100℃条件下30分钟破坏，因此，对照组不发病。

（六）治疗

由于本病来势急、死亡快、群发等特点，一般来不及治疗，也尚无好的治疗方法。特异性治疗可用同型阳性血清治疗。对症治疗一般采取强心利尿，皮下注射或腹腔注射5%葡萄糖注射液。

（七）预防

注意饲料卫生检查，不用非自然死亡的动物肉或尸体，特别是死亡时间比较长的尸体，如果要利用，一定要经高温煮沸后再用。对本病污染的疫区要提高警惕，加强消毒。貂群可以接种肉毒梭菌类毒素，一次接种免疫期可达3年之久。

最常用的是C型肉毒梭菌菌苗，每次每只注射1毫升。

十四、附红细胞体病

附红细胞体病是由附红细胞体寄生于脊椎动物红细胞表面或血浆中而引起的一种人畜共患传染病。该病多为隐性感染，在急性发作期出现黄疸、贫血、发烧等症状。

（一）病原

附红细胞体属立克氏体目，无形体科的附红细胞。附红细胞体是一种多形态的微生物，大小0.2~0.6微米。在电子显微镜下观察，附红细胞体呈球状、杆状或链状。

附红细胞体有很强的运动能力，能主动的前进、后退、扭转、伸屈、滚动和上下沉浮。一旦附着红细胞表面后就停止运动。附红细胞体不能通过细菌滤器，革兰氏染色阴性，姬姆萨氏染色呈紫色和蓝色，马基维罗氏染色呈红色，瑞氏染色为兰粉色。

附红细胞体不能在人工培养基上生长繁殖，实验室常用敏感动物分离培养。附红细胞体对干燥和化学药品的抵抗力低，用消毒药几分钟杀死，但在低温条件下可存活数年。在冰冻凝固的血液中可存活31天，在加15%甘油的血液中-79℃时能保持感染力80天。

（二）流行特点

该病在夏、秋季节多发，因为这个季节蚊、蝇及吸血昆虫猖獗，通过叮咬可以传播本病。本病可以单独发生，但多继发于某些传染病或某些应激情况，导致机体抵抗力下降而发病流行。

（三）临床症状

病原体在病貂的血液中大量繁殖，破坏红细胞，病貂表现发烧，体温升高40℃以上，食欲不振，拒食，偶有咳嗽、流鼻涕、可视黏膜（眼结膜、口腔黏膜等）苍白、黄染，机体消瘦，有的排血便，最终转归死亡。

（四）病理解剖变化

尸体消瘦，营养不良，被毛蓬乱，可视黏膜苍白、黄染，血液稀薄，肝黄染、质脆，有的肾有出血点。

（五）诊断

水貂出现发热、黄尿、贫血、后肢瘫软无力等症状，可做出初步诊断。采新鲜末梢血管血或心血滴加在载玻片上，加等量的生理盐水，用牙签混匀，加上盖玻片，于高倍油镜下观察，发现红细胞上附着多少不等的附红细胞体，许多红细胞边缘不整而呈轮状、星状及不规则的多边形等，游离血浆中的附红细胞体呈不断变化的星状闪光小体。在血浆中不断地翻滚和摇动，可确诊为水貂附红细胞体病。

血液涂片用姬姆萨氏染色镜检，可见红细胞上的附红细胞体呈蓝紫色有折光性，外围有白环。大小不一，直径为0.25～0.75微米。每个红细胞上附着的数目不等，少者几个，多者10～20多个。

（六）治疗

病貂用盐酸土霉素注射液，15毫克/千克体重，肌肉注射。血虫净3～5毫克/千克体重，生理盐水稀释后，深部肌肉注射；同时注射四环素剂量 5 ~ 10 毫克/千克体重，也可用阿维菌素，辅助治疗，可以注射维生素 B、维生素 C 以及铁的制剂。

附红细胞体对庆大霉素，甲硝唑、喹诺酮、通灭等药物也敏感。

（七）预防

搞好卫生，消灭场地周围的杂草和水坑，以防蚊、蝇孳生。

减少不应有的意外刺激，避免应激反应，机体抵抗力下降，而导致本病的发生。

大群注射疫苗时，注意针头的消毒，要一兽一针，以防由于注射针头而造成传染病的传播。

鸡、猪、牛及其他动物副产品做饲料时必须熟制后再用。

第四节　水貂主要寄生虫病

一、弓形虫病

水貂弓形虫病是由弓形虫引起的人兽共患的多系统性寄生虫病，流行很广。

（一）病原

病原体为粪地弓形虫，属于顶器门的一种组织原虫。世界各地流行的弓形虫都是一种，但有株的差异，弓形虫为细胞内寄生虫，由于发育阶段不同，其形态各异。猫是弓形虫的终末宿主（但也为中间宿主）。哺乳动物、鸟类、爬行类、鱼类和人都可以作为它的中间宿主。

弓形虫有很强的抵抗力，在外界环境中能存活很长时间。在中间宿主体内，弓形虫可在各组织脏器的有核细胞内进行无性繁殖；急性期形成半月形的速殖子（又称滋养体）及许多虫体聚集在一起的虫体集落（又称假囊）；慢性期虫体呈休眠状态，在宿主脑、眼和心肌中形成圆形的包囊（又称组织囊），囊内含有许多形态与速殖子相似的慢殖子。

水貂吃了被猫类粪便污染的食物或含有弓形虫速殖子或包囊内的中间宿主的肉、内脏、渗出物、分泌物和乳汁而被感染。速殖子可以通过皮肤、黏膜而感染，也可通过胎盘感染胎儿。

本病没有严格的季节性，但以秋冬和早春发病率最高，可能与寒冷、妊娠等导致机体抵抗力下降有关。猫在7—12月排出卵囊较多。此外温暖、潮湿地区感染率较高。

（二）临床症状

1. 急性期

表现不安，眼球突出，急速奔跑，反复出入小室（产箱），尾向背伸展，常在抽搐中倒地，有的上下颌动作不协调，采食困难，不在固定地点排便，常发生结膜炎、鼻炎。

2. 沉郁型

表现精神不振，拒食、运动失调，呼吸困难，有的病貂呆立，用鼻子支在笼壁上，驱赶时旋转，失去方向性，搔扒笼子。

（三）诊断

该病的临床症状和病理变化有一定的诊断价值，但不足为诊断的依据。特别是本病易与神经型犬瘟热病混淆，因此，在流行病学分析、临床症状等综合判定后，还必须依靠实验室检查，方能最后确诊。

1. 病原体的分离

因弓形虫细胞内寄生，用普通人工培养基不能增殖，必须接种于小鼠。

方法：将病料（肺、淋巴结、肝、脾或慢性病例的脑及肌肉组织）用生理盐水10倍稀释（每毫升含1 000单位青霉素和0.5毫克链霉素），各以0.5毫升接种5～10只小白鼠的腹腔内（无小白鼠，家兔也可以）。则小白鼠于接种后2周内发病，此时取小白鼠腹水1滴，涂片，镜检，可发现典型的弓形虫。若初代接种的小白鼠不发病，可于1个月后采血杀死，检查脑内有无包囊。对包囊检查呈阴性者，可在采血的同时做血清学检查，只有血清学检查也呈阴性时，方可判定为阴性。

2. 弓形虫检查

将病理材料切成数毫米小块，用滤纸除去多余水分，放载玻片上并使其均匀散开和迅速干燥。标本用甲醛固定10分钟，以姬氏液染色40～60分钟后干燥，镜检，可发现半月牙形的弓形虫。

近年来也用荧光抗体法检查弓形虫，即在荧光色素中用荧光异硫氰酸盐，被染上的半月形虫体呈荧光的黄绿色。

3. 血清学检查

主要有色素试验、补体结合反应、血球凝集反应及荧光抗体法等。其中，色素试验由于抗体出现早、持续时间长、特异性高，适合各种宿主检查，故采用较为广泛。

(四) 治疗

目前，对弓形虫病治疗尚缺乏经验。有人介绍用氯嘧啶(杀原虫药) 和磺胺二甲氧嘧啶并用，效果显著；或用磺胺苯砜（SDDS)，剂量为每天5毫克/千克体重。为了促进病貂食欲，辅以B族维生素和维生素C。

(五) 预防

发现病貂要及时隔离治疗，病死貂尸体要深埋或火化。

取皮、解剖、助产及捕捉用具要用高温消毒，或用1.5% ~2%氯亚明，5%来苏儿消毒。

场内要灭鼠，并防止野猫进入。

二、水貂球虫病

水貂球虫病是由艾美耳科等孢子属球虫引起的寄生虫病。临床上主要表现肠炎症状。

(一) 病原

病原为等孢子属球虫。其特点是卵囊内形成两个孢子囊，每个孢子囊内含4个孢子。孢子化卵囊具有感染性，水貂吞食后即被感染，球虫通常寄生在动物小肠黏膜细胞内，小的只有5~10微米。水貂采食、饮水时吞食了感染性卵囊，卵囊在十二指肠内受肠液和胰液的作用，子孢子由囊内逸出，变为圆形的滋养体。滋养体的核进行无性复分裂（裂体增殖)，所形成多核虫体叫裂殖体。无性裂殖体增殖进行若干代后，便出现有性的配子增殖，形成许多配子（雌性细胞）和小配子（雄性细胞），大、小配子进入肠管内并结合，受精后大配子被覆以双层膜变为卵囊，随宿主粪便排出体外。

卵囊在外界环境中进行孢子增殖，在适宜的温度（25～30℃）和湿度的条件下，在卵囊内形成孢子细胞同样分裂生孢子（生出4个同形孢子虫和两个囊形球虫），此过程一般为3～4天，而在不良的条件下，在卵囊内形成孢子时间会延长。

卵囊对消毒药有较强的抵抗力。但在干燥的空气中几天之内即死。在55℃，15分钟被杀死；在80℃，10秒钟杀死；100℃时，5秒钟即被杀死。

本病是毛皮动物常见病。各种年龄貂均易感染，幼龄更易感染，成年貂临床症状不明显 。在环境卫生不良和饲养密度较大的养貂场严重流行，造成幼貂发育缓慢，严重者下痢死亡。病貂和带虫的成年貂是主要的传染源，传染途径是消化道。水貂吞饮污染的食物和水，或吞食带虫卵的苍蝇，鼠类均可发病。

（二）临床症状

患病貂主要表现腹泻、粪便稀薄，混有黏液，常便中带血。精神沉郁，食欲不振，消化不良，被毛粗乱，无光泽、消瘦、贫血、生长发育停滞，最终严重衰竭而死。

（三）诊断

1. 生前诊断

可用饱和盐水浮集法，显微镜下检查粪便中有无卵囊，并根据卵囊的形态、特征、数量以及病貂临床表现和流行病学进行综合判定。

2. 死后剖检

小肠黏膜卡他性炎症，在小肠黏膜层内发现白色结节，显微镜下检查发现球虫卵囊，即可诊断为此病。

（四）治疗

可以选择以下治疗方案。

1. 甲氧苄氨嘧啶－磺胺甲异恶唑（磺胺三甲氧苄二氨嘧啶）

每次口服15毫克/千克体重，每天1～2次，连续服药5天。

2. 磺胺间二甲氧嘧啶

口服50～60毫克/千克体重，每天1次；然后每次口服25毫克/千克体重，每天1次，连续服药5～20天。

3. 呋喃唑酮

每次口服4～10毫克/千克体重，每天1～2次，连续服药5天。

4. 安丙嘧吡啶（氨丙啉）

口服，每天1次，连续服药5天，至总剂量60～100毫克。

（五）预防

改善饲养管理，增强机体抵抗力。

搞好笼舍、食槽、水槽及场地卫生，定期消毒、驱虫。粪便要堆积，进行生物热发酵，无害化处理。

三、颚口线虫病

颚口线虫病是喂淡水鱼类饲料的饲养场偶见的寄生虫病。本病曾在我国辽宁省营口地区水貂场发生过。

（一）病原

病原体为颚口线虫，虫体长10～30毫米，宽（粗）2～3毫米，呈细线状，虫卵呈椭圆形。

成虫寄生在水貂的食道壁、胃或穿刺心脏内。其卵随粪便排出体外，被水蚤吞食后在体内发育成幼虫，含有幼虫的水蚤，再被淡水鱼吃了，幼虫在鱼体内发育成感染幼虫，水貂吃了这种淡水鱼而发生感染颚口线虫。

寄生在水貂体内的成虫，由于颈囊的收缩，使其头部固定在宿主胃肠及食道内，或穿入心脏，造成一些机械刺激，在移行过程中，产生毒素，影响机体的正常机能，破坏血液循环，吸取机体的营养。

（二）临床症状

虫体寄生于食道壁，由于机械刺激和咽下困难或呕吐，严重者食道形成憩室，不能进食。虫体寄生于心肺等胸腔器官，引起心脏穿孔，出血，心跳受阻，心脏发炎，肿大，心力衰竭而死。

患病水貂呈慢性经过，表现出一系列的消化紊乱，呕吐，剩食，消瘦，精神萎靡不振，喜卧小室内，不愿活动，被毛蓬乱，可视黏膜苍白，最后昏迷而死。

(三) 病理解剖变化

尸体消瘦，可视黏膜苍白，皮下脂肪缺乏，若虫体寄生在食道，则食道黏膜寄生部位发炎，肿胀，有的形成憩室或肿瘤。食道狭窄，在肿瘤内有时发现虫体。若虫体穿入心脏，可造成心包炎、心包积液增多，呈血样，切开心包膜便发现虫体穿入心肌内。

(四) 诊断

根据病貂吃食情况，饲料来源及加工过程，尸体剖检，发现虫体即可确诊。

(五) 治疗

病貂可用肠虫清进行治疗，也可用三道年片进行治疗。

四、旋毛虫病

旋毛虫病是人兽共患的寄生虫病。以肉食为主的毛皮动物多发。

(一) 病原

旋毛虫是一种很细小的线虫，旋毛虫雌虫长 3 ~ 4 毫米，雄虫长仅 1. 5 毫米，通常寄生于十二指肠及空肠上段肠壁，交配后雌虫潜入黏膜或到达肠系膜淋巴结，排出幼虫。后者由淋巴管或血管经肝及肺进入体循环散布全身，但仅到达横纹肌者能继续生存。于感染后 5 周，幼虫在纤维间形成 0. 4 毫米 ×0. 25 毫米的橄榄形包囊，3 个月内发育成熟（为感染性幼虫），6 个月至 2 年内钙化，但因其细小，X 线不易查见。

钙化包囊内幼虫可存活3年（在猪体内者可活11年）。成熟包囊被动物吞食后，幼虫在小肠上段自包囊内逸出，钻入肠黏膜，经4次脱皮后发育为成虫，感染后1周内开始排出幼虫。成虫与幼虫寄生于同一宿主体内。

旋毛虫对外界的不良因素具有较强的抵抗力，对低温有更强的耐受力。在0℃时，可保存在57天不死。但高温可杀死肌肉型旋毛虫，一般70℃时可杀死包囊内的旋毛虫。如果煮沸或高温的时间不够、肉煮的不透、肌肉深层的温度达不到致死温度时，其包囊内的虫体仍可保持活力。

（二）临床症状

患病水貂食欲不振，慢性消瘦，消化紊乱，呕吐，下痢。呼吸短促，最后由于毒素的刺激，导致动物不愿活动，营养不良，抗病力下降，当天气变化，气温下降出现死亡，或由于高度消瘦失去种用价值。

（三）诊断

生前不易发现，死后剖检，尸体消瘦，皮下无脂肪沉着，筋膜下和背部肌肉里有罂粟粒大的乳白黄色小结节散在。剪取背最长肌有小结节的肌肉组织，或膈肌，剪碎放于载玻片上，压片置于低倍显微镜下观察虫体，呈盘香状蜷曲的虫体，即可确诊。

（四）治疗

可用丙硫咪唑治疗，用量每天按25~40毫克/千克体重，分2~3次口服，5~7天为1疗程。

(五)预防

加强兽医卫生检疫，用狗肉或狗的副产品一定要采样镜检，或无害高温处理再喂动物，为保证高温处理肌肉深层达到100℃，应把要高温处理的肉，切割成小块，以便彻底杀灭虫体。饲养人员要做好自身防护，以免被感染。

五、水貂疥螨病

水貂疥螨病是由疥螨引起的一种慢性寄生虫性皮肤病，俗称癞皮病。

(一)病原

病原为蛛形纲、蜱螨目、疥螨亚目、疥螨科、疥螨属，成虫呈圆形、微黄白色、背部隆起、腹部扁平。雌螨虫长0. 30 ~0. 45 毫米，雄螨虫长0. 19 ~0. 23 毫米。

疥螨的发育需经过卵、幼虫、若虫和成虫 4 个阶段。其全部发育过程都在寄生动物身上度过，一般在 1 ~3 周内完成。疥螨在犬皮肤的表皮上挖凿隧道，雌虫在隧道内产卵，每个雌虫一生可产卵 20 ~50 个，卵呈椭圆形，黄白色，长约150 微米，卵经 3 ~ 8 天孵出幼虫，幼虫有 3 对足，体长0. 11 ~0. 14 毫米。孵化的幼虫爬到皮肤表面，在皮肤上凿小洞穴，并在穴内蜕化为若虫，若虫钻入皮肤挖凿浅的隧道，并在里面蜕皮成成虫。雌虫的寿命约 3 ~4 周，雄虫在交配后死亡。

疥螨病多发于冬末和春初，主要是靠病健动物直接接触传染，当然也可通过螨虫及卵污染的笼舍，用具等间接传播。

（二）临床症状

幼龄水貂发病较严重，多先起于头部、鼻梁，眼眶、耳部及胸部，然后发展到躯干和四肢。病初皮肤发红有疹状小结，表面有大量麸皮状皮屑，进而皮肤增厚、被毛脱落、表面覆盖痂皮、龟裂。剧痒，不时用后肢搔抓，摩擦，当有皮肤抓破或痂皮破裂后可出血，有感染时患部可有脓性分泌物，并有臭味。

病貂日见消瘦、营养不良，重者可导致死亡。

（三）诊断

根据临床症状可作出初步诊断，必要时可从病貂的耳壳内刮取病料，放在黑色纸上，加热至30～40℃，螨虫即出爬行，肉眼可见到活动的小白点，也可用显微镜检查，发现螨虫即可确诊。

在症状不太明显时，取患部皮肤上的痂皮，最好在患部与健部交界处，用锐匙或外科圆刃刀刮取表皮，装入试管内，加入10%氢氧化钠（或氢氧化钾）溶液煮沸，待毛、痂皮等圆形物大部分溶解后，静置20分钟，吸取沉渣，滴载玻上，用低倍显微镜检查可发现幼螨、若螨和虫卵。

（四）治疗

1. 药物疗法

既可用于治疗，也可用于预防。根据场内具体情况选用木桶，旧铁桶、大铁锅，帆布浴池或水泥池等进行药浴。可选用下述药品进行药浴：500‰辛硫磷，250‰二嗪农（螨净），150‰～250‰巴胺磷（赛福丁）300‰～500‰双甲脒，

50‰溴氢菊酯（倍特）等。大群药浴前应先做小群安全试验。药液温度应保持载36~37℃，最低不能低于30℃。应选择无风晴朗天气或载室温条件下，药浴前应给动物饮足水，动物浸入药液后要停留片刻，以达到浸透，浸没头部，但要露出口鼻，以免误咽，引起中毒。药浴后应注意观察，有无中毒现象，精神不好，口吐白沫，应及时治疗。药浴的同时要对笼舍消毒。

2. 个体治疗

选择低毒高效的药物：伊维菌素，剂量为0.2毫升/千克体重，皮下注射，间隔15~20天再注射一次，治疗同时应配合环境消毒，防止来自环境的再感染。严重瘙痒的水貂可用泼尼松0.5毫克/千克体重，口服，每日2次，连用2~5天。

（五）预防

发现患有疥螨病的水貂要及时隔离，以防互相传染。

注意环境卫生，保持貂舍清洁干燥，对于貂笼、小室要定期清理消毒。

六、水貂蠕形螨病

水貂蠕形螨病是由蠕形螨引起水貂的一种皮肤寄生虫病。它寄生于动物的皮脂腺和毛囊内。本病又称毛囊虫病或脂螨病。是一种常见而又顽固的皮肤病。

（一）病原

病原体是蜱螨目，恙螨亚目、蠕形螨科、蠕形螨属。雌虫长0.25~0.30毫米，宽0.045毫米。雄虫长0.22~0.25毫米，宽约0.045毫米。虫体从外形上可分为头、胸、腹3部分，口器由一对须肢、一对刺状螯肢和一个口下板组成；胸部有4对很短的足，腹部细长，表面密布横纹。雄虫的生殖孔开口于背面。雌虫的生殖孔则在腹面。虫卵呈梭形，长约0.07~0.09毫米。

蠕形螨的全部发育过程都在寄生动物体上进行。雌虫在寄生部位产卵。发育史包括卵、幼虫、若虫、成虫4个阶段。卵在寄生部位孵化出3对足的幼虫，然后变成4对足的若虫，最后蜕化变成成虫。犬蠕形螨除寄生在毛囊、皮脂腺外，还能生活在淋巴结内，并在那里生长繁殖，转变为内寄生虫。

该病的发生多因接触而感染，也可通过媒介物间接感染。蠕形螨的抵抗力很强，可在外界存活多日。

（二）临床症状

形螨症状可分为两型。

1. 鳞屑型

主要是在眼睑及其周围、额部、嘴唇、颈下部、肘部、趾间等处发生脱毛、秃斑，界限明显，并伴有皮肤轻度潮红和麸皮状屑皮，皮肤可有粗糙和龟裂，有的可见有小结节。皮肤可变成灰白色，患部不痒。

2. 脓疱型

感染蠕形螨后，首先多在股内侧下腹部见有红色小丘疹。几天后变为小的脓肿，重者可见有腹下股内侧大面积红白相间的小突起，并散有特有的臭味。病貂可表现不安，并有痒感。大量蠕形螨寄生时，可导致全身皮肤感染，被毛脱落，脓疱破溃后形成溃疡，并可继发细菌感染，出现全身症状，重者可导致死亡。

（三）诊断

取在患部与健部交界处的痂皮，放于载玻片上，滴1滴甘油，盖上盖玻片，显微镜下检查，可以确诊。

（四）治疗

1. 局部治疗

用肥皂水或0.2%温来苏儿洗刷患部皮肤，然后涂15%浓碘酊，每隔1~2天涂擦一次；或使用二甲苯胺脒（用量为每226.8克水中加0.66毫升药液），每天1次，直到痊愈为止。

2. 全身治疗

伊维菌素，0.4~0.6毫克/千克体重，口服，每天1次，连用30天。全身性感染的病例可结合抗菌素疗法。

（五）预防

保持水貂场地面、笼舍及用具的清洁卫生，定期在地面撒生石灰或喷洒火碱水，或用火焰喷灯消毒，严防苍蝇在场内大量繁殖、四处乱飞传播病原。

定期在兽场内外灭鼠，防止老鼠传播螨病。

从外地购入的水貂，运到本场，须隔离饲养一段时间，经观察无病才能融入本场兽群饲养。

平时要仔细观察所有个体，一旦发现有的个体行为异常，如常用爪挠痒，抓皮肤，出现挠伤、秃斑、流污血、结硬痂等，及时采取治疗措施，严防螨病蔓延。

及时处理患兽所剪下的痂皮、被毛和病尸，必须全部烧毁或深埋。操作现场彻底清扫后，用火碱水消毒。

七、蚤病

蚤俗名跳蚤，饲养的水貂、狐以及其他毛皮动物都可受跳蚤的侵袭。

（一）病原

寄生于毛皮动物的蚤主要是犬节头蚤，但在水貂身上发现一种特殊的蚤，称为水貂蚤。

蚤是一种无翅的吸血昆虫，身体扁狭，体外有较厚的角质外骨骼，全身各处都有较多的鬃毛和刺。头小与胸部紧密相连。触角短而粗，平卧于触角沟内，口刺宜于穿孔和吸血。胸部小，包括可以活动的 3 个节，后腿大而粗，善于跳跃。腹部大，有十节。

蚤在毛皮动物毛丛中或在产箱里的垫草中产卵发育，卵光滑，易落入产箱的板缝中或地面上，发育成幼蚤。在土壤中和动物身上再寄生。

（二）临床症状

当大量跳蚤寄生在水貂身上时，由于刺咬，吸血，引起水貂瘙痒不安和营养消耗，常用脚爪搔扒被侵害的部位，使被毛遭到损伤，体况消瘦，严重者可出现贫血和营养不良。

（三）治疗

1. 将 0.5% 蝇毒磷药粉（20% 蝇毒磷乳粉 25 克加 975 克白陶土配制）装入纱布袋里，拨开毛绒，向毛根部撒布，1

周后重复用药一次。

2. 在室温条件下，用25%溴氢菊酯液，按250～300倍稀释后，喷洒在蚤寄生部位，1小时内可杀死虫体。要注意杀虫药的用量，不要过多，以免中毒。

在用药的同时，小室（产箱）和垫草要处理掉。

(四) 预防

搞好棚舍内卫生，保持干燥，定期用1%～2%敌百虫液喷洒消除地面上。

第五节　水貂常见的营养代谢类疾病

一、维生素C缺乏病(水貂仔兽红爪病)

(一) 病因

长期不喂青绿的菜类或补加含维生素C多的饲料，特别是在母貂妊娠中后期，饲料不新鲜，又喂很少的蔬菜很容易引起维生素C缺乏，导致新生仔貂红爪病的发生。

(二) 临床症状

维生素C缺乏症是肉食毛皮动物仔兽多发病。维生素C缺乏，引起骨生成带破坏，毛细血管通透性增强和血细胞生成障碍，新生水貂仔兽表现为“红爪病”。

四肢水肿是新生仔兽红爪病的主要特征。关节变粗，指(趾)垫肿胀，患部皮肤高度充淤血潮红。进一步发展指间破溃和龟裂，偶见尾巴水肿，变粗，皮肤高度潮红。患病仔兽尖叫嘶哑无力，声音拉长，不间断的往前爬（乱爬），头向后仰，仿佛打哈欠，吸吮能力差乃至不能吸吮母貂乳头，导致母貂乳房硬结发炎、疼痛不安，叨着病仔兽在笼内乱跑，甚至咬死仔兽吃掉。

●（三）病理解剖学变化●

刚生下 2 ~ 3 天的仔兽尸体，脚爪水肿，充出血肿胀，胸腹部和肩部皮下水肿和黄染（胶样浸润），胸、腹部肌肉常常出现泛发性出血斑。

●（四）诊断●

根据临床症状，妊娠期饲料组成和产后第一天母貂乳汁分析，可以确诊。

正常成年母貂每毫升乳汁内含抗坏血酸为 0.7 ~ 0.87 毫克，而病仔兽的母貂每毫升乳汁中含 0.1 ~ 0.48 毫克抗坏血酸。

●（五）治疗●

为及时发现病仔兽，水貂在产后 5 天内发现叫声异常，要立即检查，对病仔兽可肌肉注射抗坏血酸注射液 0.5 毫升，也可用滴管或毛细玻璃管向口内滴入抗坏血酸注射液，每天一次，直至水肿消失为止。同时在母貂的饲料中加一些新鲜的叶类或维生素 C 添加剂。

●（六）预防●

保证饲料新鲜，不喂长期贮藏质量不佳的饲料，日粮中要有一定量的蔬菜，如果没有新鲜的青绿蔬菜，可以加价格比较便宜的水果，以及维生素 C 药品。

二、维生素A缺乏病

（一）病因

饲料中维生素 A 含量不够或补给不足，达不到动物体的需求量；日粮中维生素 A 遭到破坏、分解、氧化、流失，吸收障碍等，如饲料贮存过久脂肪酸氧化，或调料不当；动物本身患有慢性消化器官疾病，严重影响了营养物质的吸收和利用；混合料中添加了酸败的油脂、油饼、骨肉粉及陈腐的蚕蛹粉等氧化了的饲料，使维生素 A 遭到破坏，导致维生素 A 缺乏。

（二）临床症状

成年兽和幼兽的症状基本相似。水貂维生素 A 缺乏时，除发生神经症状外，表现出干眼病，同时出现消化道、呼吸道和泌尿生殖系统黏膜上皮角化，母貂出现性周期紊乱，发情不正常，发情期拖延，怀孕期发生胚胎吸收，出现死胎、烂胎、仔貂体弱；公貂表现性欲降低，睾丸发育不良，精子形成发育障碍。

（三）诊断

对病貂的血液和死亡动物肝内维生素 A 的含量测定，同时进行日粮的分析。在可疑的情况下，也可进行治疗性诊断，在饲料中添加鱼肝油，如症状明显好转，则为维生素 A 缺乏病。

（四）治疗

肉食兽对胡萝卜素的消化不良，不易吸收，即不能转化为维生素A，植物性饲料不含维生素A，所以在平时的日粮中要注意维生素A的供给量，同时也要看肉类饲料质量，质量不好的要多给一些。治疗量的维生素A为预防量的5～10倍。水貂每天内服3 000～5 000单位，同时，饲料内要保证有足够量的中性脂肪。如果应用植物盐基的维生素A制剂，日粮中补加鲜肝10～20克见效快。

（五）预防

预防维生素A缺乏，必须根据毛皮动物不同生理时期的需要量来添加，特别是在毛皮动物准备配种期、妊娠期和哺乳期，在饲料中必须添加鱼肝油或维生素A浓缩剂，每天每千克体重250单位以上。向日粮内投给肝及维生素E具有良好作用，后者能防止肠内维生素A的氧化。鱼肝油必须新鲜，酸败的禁用，否则，用后不但不起治疗和预防作用，反而对毛皮动物更有害。

三、维生素D缺乏病

（一）病因

饲料单一、不新鲜，维生素D添加量不足；饲料中钙、磷比例失调；饲料霉败；动物接受阳光不足；动物慢性胃肠炎、寄生虫病等都可导致维生素D吸收不好或缺乏。

先天性维生素D缺乏常由于怀孕母体营养失调或缺乏阳

光照射和运动不足，饲料中缺乏矿物质、维生素D和蛋白质所致。

另外，动物肝、肾有病，使肝细胞的线粒体中含维生素D－25－羟化酶，即能催化维生素D_3转化为25－羟胆化固醇的作用受到影响而致病；先天性必需酶类如25-OH-D-1-羟化酶的缺乏可导致本病的发生。

（二）临床症状

缺乏维生素D时，可引起骨质钙化停止，幼貂体质软弱、生长缓慢、异嗜，出现佝偻病，前肢弯曲，疼痛，跛行，甚至不能站立（2～4个月龄时易发生），喜卧不愿活动。成年貂骨质疏松，易发生骨折，四肢关节变形等。在妊娠期，胎儿发育不良，产弱仔，成活率低；泌乳期奶量不足，提前停止泌乳，食欲减退，消瘦。

（三）诊断

根据临床症状，骨骼变形，肋骨与肋软骨之间交界处膨大，呈串珠状，脊柱向上隆起呈弓形弯曲，前肢弯曲，异嗜，跛行等可以确诊。

（四）治疗

对病貂增加维生素D_3的补给，可以注射维丁（D）胶性钙，水貂肌肉注射0.5毫升，隔日注射一次，同时在饲料中增加一些鲜肝和蛋类。也可以单一的肌肉注射维生素D_3（骨化醇）按药品说明书使用。

如果大批发生佝偻病，要调节饲料中的钙磷比，不要单一的补钙，最好用比较好的鲜骨或骨粉，貂场内要适当的调节光的强度便于维生素 D 前体的转化。

四、维生素E缺乏病

（一）病因

维生素 E 缺乏病主要病因，一是饲料（日粮）中补给不足或缺乏；二是饲料质量不佳引起维生素 E 失去活性或被氧化，如动物性（肉类）饲料冷藏不好，存贮时间过长，使肉类脂肪氧化酸败，特别是喂脂肪含量高的鱼类饲料更易使饲料中维生素 E 遭到破坏。

（二）临床症状

病貂主要表现繁殖障碍，脂肪炎；母貂发情期拖延、不孕、空怀率高，仔貂生命力弱，精神萎靡、虚弱、无吮乳能力，病死率高；公兽表现性机能下降，无配种能力、精液质量不佳。育成貂易出现急性黄脂肪炎，突然死亡。

（三）诊断

根据兽群的繁殖情况分析，可以作出初步诊断。要进一步确诊，看饲料的组成和质量，作饲料分析测定。

（四）治疗

对维生素 E 缺乏或不足的病貂，可以肌肉注射维生素 E 注射液；最好肌肉注射，详细使用方法请参阅药品说明书，也可以口服维生素 E 丸，但喂前要用温水泡开，放在饲料里。如果伴有食欲不佳和黄脂肪病出现，可以采取综合治疗。

维生素 E 或亚硒酸钠维生素 E 合剂，用量请看药品说明书，维生素 E 每千克体重 5～10 毫克，维生素 B_1 或复合维生素 B 注射液 0.5～1 毫升，分别肌肉注射。

维生素 E 每千克体重 5～10 毫克，青霉素每千克体重 10 万～20 万单位，维生素 B 注射液 0.5～1 毫升，分别肌肉注射，每天 1 次。直到病情好转，恢复食欲。消炎类抗生素可以根据养殖场具体情况，用青霉素、土霉素以及磺胺嘧啶、喹诺酮类的药物均可。

除药物疗法外，还可用食饵疗法，在饲料中投给新鲜、含维生素丰富的饲料小麦芽（小麦芽一定要小，不要用麦苗）及新鲜的动物性饲料，豆油、蛋黄、鲜肝等。

（五）预防

视饲料的质量适当添加一定量维生素 E 补品很有好处，可以防止维生素 E 的缺乏和黄脂肪病的发生。特别是长期饲喂含脂肪高的饲料，而且库存时间又长的海产品及肉类；更要注意预防此病的发生。

五、维生素B_1缺乏病

（一）病因

饲料单一、动物厌食、患有吸收功能低下的胃肠病、寄生虫和衰老等因素影响维生素 B_1 的吸收和利用。此外饲料搭配不合理；饲料陈腐不新鲜；补加 B 族维生素与饲料加工调制不合理破坏了 B 族维生素，如生喂淡水有鳞鱼和生鸡蛋都能破坏 B 族维生素，因为淡水鱼体表，软体动物、蚕蛹和蛋清等有破坏硫胺素酶，导致饲料中维生素 B 被破坏，动物体得不到维生素 B；将上述两种动物性饲料熟制以后，硫胺素酶被破坏了（崩解了）对 B 族维生素没危害了，或者在补加维生素 B_1 时避开生喂这两种饲料的时间，即生喂时不加 B 族维生素和酵母，熟喂时加大维生素 B 给量（例如，1、3、5 加；2、4、6 不加）；这样就能使添加的维生素 B_1 不被破坏，真正使兽吃到嘴中，起到维生素 B_1 的作用。

再有维生素 B 添加剂质量不合格，质量不准也是导致维生素缺乏的原因之一。

（二）临床症状

当维生素 B_1 不足时，经过 20～40 天，就会引起本病。患病动物出现食欲减退，大群剩食，身体衰弱、消瘦、步态不稳、抽搐痉挛、昏睡，不及时治疗，经 1～2 天死亡。重度维生素 B_1 缺乏时，神经末梢发生变性，组织器官机能障碍，病貂体温正常，心脏机能衰弱，食欲废绝，消化机能紊乱等。发生于幼兽育成期幼兽发育停滞，被毛逆立、蓬乱、无光泽，可视黏膜苍白，不愿活动，继而出现神经症状，出现共济失调，后躯麻痹，在笼中乱爬，后躯被动驱动，拖动前进，抽搐、痉挛。有的病貂在笼中昏睡或昏迷不醒，蜷缩不动，不及时治疗昏迷而死。

妊娠母貂流产、产死胎和发育不良的仔貂数量增高。母貂在妊娠后期由于死胎、木乃伊、烂胎导致母仔同归。由于母貂体内聚集有毒物质，常引起哺乳仔貂腹泻。维生素 B_1 不足时，使妊娠期延长，空怀率高，产弱仔。

● （三）诊断 ●

根据兽群大批剩食，运动共济失调，痉挛，抽搐，后躯麻痹，昏迷，嗜睡，体躯卷缩等症状，用维生素 B_1 注射液试探治疗，效果明显，可以确诊。

在诊断过程中要注意与脑脊髓炎、食盐中毒的区别。

● （四）治疗 ●

本病早期发现用维生素 B_1 或复合维生素治疗病貂很快好转治愈。水貂每天肌肉注射维生素 B_1 或复合 B 注射液，貂每天 0.5～1.0 毫升，连注 3～5 天。

大群动物在饲料中投给维生素 B_1 粉，病情很快好转恢复正常。

六、维生素B_6缺乏病

● （一）病因 ●

饲料单一；动物有胃肠炎，饲料中的有效成分不能很好的被吸收；或有寄生虫病等而引起维生素 B_6 缺乏或不足。

● （二）临床症状 ●

维生素 B_6 亦称吡哆醇，对肉食毛皮动物来说就是必需的维生素之一，它是动物体内新陈代谢主要辅酶。一旦缺乏或不足会引起繁殖机能障碍、贫血、生长发育迟缓，肾脏受损。本病发生在毛皮动物繁殖期，公兽出现无精子；母貂空怀，胎儿死亡；仔貂生长发育迟缓。毛皮动物性别和个体生理状况，生物学时期不同，其临床表现也不尽一样。

妊娠期母貂空怀率高，仔貂死亡率高，成活率低，妊娠期延长。公兽配种期，性功能低下，无精子，睾丸发育不好，无配种能力。

发生在仔貂育成期，生长发育缓慢，食欲不佳，上皮角化，棘皮症，小细胞性低色素性贫血，精神萎靡，易发生尿结石，毛细血管通透性降低。狐出现四肢麻痹；鼻、尾出现红斑，尾尖坏死，有抽搐现象。

（三）诊断

根据临床症状和对日粮的分析，可以作出诊断。

（四）治疗

给予病貂易消化的富含维生素 B_6 的饲料，肉、蛋、奶等。及时补给维生素 B_6 制剂，能收到良好的效果。复合维生素 B 注射液，水貂每只每天可肌肉注射 1～1.5 毫升，吡哆醇盐酸盐糖粉可以加在饲料中投服，剂量请参照产品说明书使用。也可使用人用的维生素 B_6 药品，效果准确。

（五）预防

根据不同生物学周期补加维生素 B_6 制剂，特别是在配种妊娠期要重视这个问题，根据试验每千克饲料干物质内，含吡哆醇 0.9 毫克。前苏联学者认为，水貂每 100 大卡饲料内含 0.25 毫克的吡哆醇就足够了。仔貂育成期也要注意维生素 B 族的补给。

七、食毛症

食毛症病因不十分清楚，但多数人认为是微量元素缺乏引起的一种营养代谢异常的综合征。

患病貂啃咬自身被毛，全身除头颈外，毛绒残缺不全，呈剪毛样，皮肤裸露为特征的食毛症，多发生于秋冬季节。

（一）病因

硒、铜、钴、锰、钙、磷等微量元素不足或缺乏含硫氨基酸，脂肪酸败，酸中毒，肛门腺阻塞等都可引起本病的发生。

由此可见，营养不全或不平衡，代谢功能紊乱或失调以及不良的饲养管理都能诱发食毛症的发生。

（二）临床症状

有的突然发病，经过一夜，将后躯被毛全部咬断，或者间断的啃咬，严重的除头颈咬不着地方外，都啃咬掉，毛被残缺不全。尾巴呈毛刷状或棒状，全身裸露。如果不继发别的病，精神状态没有明显的异常，食欲正常，当继发感冒、外伤感染出现全身症状，或由于食毛引起胃肠毛团阻塞等症状。

（三）诊断

从临床症状即可作出诊断。

（四）治疗

主要是对症治疗，补充羽毛粉或含硫氨基酸的饲料原料和适量的矿物质元素，同时防止感冒和其他继发症的发生。

(五) 预防

应立足于综合性预防。饲料要多样化，全价新鲜。哺乳育成期饲料要注意微量元素和维生素的补给。从生产实践看，食毛症发病率高的养殖场，多数都饲料单一。

此外，以鱼类饲料为主的饲养场，一定要注意或重视海鱼的质量，同时要注意维生素 E 的补给。

八、水貂膀胱尿结石

尿结石是在肾脏、膀胱及尿道内出现矿物质盐类沉淀。毛皮动物的尿结石，多发于刚断乳后、发育比较好、出生日龄比较早的幼龄水貂，公貂多于母貂。

(一) 病因

该病的病因至今尚未完全清楚。多数学者认为：①甲状腺机能亢进；②外伤性骨折；③长期服用磺胺类药物；④吃青菜过多；⑤泌尿系统炎症；⑥断乳引起一时性血钙不平衡、机体为满足血钙平衡，动员体内的钙质，造成一次性钙质过剩；⑦饲料内钙、磷比例失调，维生素 A、维生素 D 给量不足等。

(二) 临床症状

病貂频频排尿，尿流不能直射，滴滴排出体外，公貂腹部尿湿，最终得不到及时发现，尿中毒急性死亡。

（三）病理解剖变化

多数尿结石死亡的水貂尸体营养状态良好，腹部被毛尿湿，腹部比较膨满 。剖开腹腔即可看到膨满的膀胱，有鸽卵大或乌鸡蛋大，充满尿液，膀胱浆膜面充出血呈紫红色，切开膀胱有多量浓茶水样尿液流出。膀胱黏膜出血，坏死，可见到结石 1 个至数个，大小不等，高粱米粒大至黄豆大，乃至扁豆粒大，重量由 0.1 ~ 10 克，形状多为椭圆形，表面光滑，乳白色或乳黄色。其他器官无并发症，无明显的异常变化。

（四）诊断

根据病理剖检可以确诊，生前临床诊断：断乳初期发现尿湿的幼龄水貂可以抓住，触诊下腹部如膨满，腹围比较大，叩诊有鼓音，可以在鼓音最明显的部位消好毒，用灭菌的 9 号针头穿刺，排出积尿，做膀胱切开术取出结石，再缝合好创口，做好术后治疗。

在养兽场内发现一例尿结石，就要注意这种病的再出现，以便及时手术治疗。

（五）治疗

无药物治疗方法，有条件的饲养场可以手术治疗取出结石。排石很难做到，因结石已在膀胱中形成，而且比较大，堵塞了尿道，使尿液滞留，导致尿中毒。碎石做不到；溶石很难，我们曾在试管中，把从水貂膀胱中取出的结石放在硫酸中和盐酸中，都不能溶解，所以在机体内溶石更难做到，只好加强预防，防止本病的发生。

（六）预防

进入断乳期要及时调整饲料，给断乳仔兽易消化、新鲜的饲料，多给一些鲜牛奶或奶粉之类的乳品。饲料要稀一点，饮水要充分。也可以在饲料中加一点氯化铵，防止钙沉着。每天每只水貂给0.5克，混于饲料中吃下，连服3~5天，停药3~5天，再喂2~3天就停止给药。

九、水貂黄脂肪病

黄脂肪病又称脂肪组织炎，是以全身脂肪组织发炎、渗出、黄染、肝小叶出血性坏死、肾脂肪变性为特征的脂肪代谢障碍病，也可以说是脂肪酸败慢性中毒病。

此病是水貂饲养业中危害较大的常发病，不仅直接引起水貂大批死亡，而且在繁殖季节，导致母貂发情不正常、不孕、胎儿吸收、死胎、流产、产后无乳，公貂利用率低、配种能力差等。小兽断乳分窝以后8~10个月多发，急性经过，发现不及时，可造成大批死亡；老兽常年发生，慢性经过，多以散发，主要表现尿湿，治疗不及时死亡。

（一）病因

主要原因是动物性饲料（肉、鱼、屠宰场下杂物）中脂肪氧化、酸败。动物性脂肪，特别是鱼类脂肪含不饱和脂肪比较多，极易氧化、酸败、变黄、释放出霉败酸辣味，分解产生鱼油毒、神经毒和麻痹毒等有害物质。这些脂肪在低温条件下也在不断氧化酸败，所以冻贮时间比较长的带鱼、油扣子等含脂肪比较高的鱼类饲料更易引起水貂急、慢性黄脂肪病。

此外，由于饲料不新鲜，抗氧化剂维生素加的不够，也是发生本病的原因之一。饲养者视肉类饲料质量不佳，要加喂一些维生素 E 和硒之类的添加剂减少此病的发生。

（二）临床症状

一般多以食欲旺盛，发育良好的幼龄貂先受害致死，急性病例突然死亡，大群水貂食欲下降、精神沉郁、不愿活动，出现下痢，重者后期排煤焦油样黑色稀便，进而后躯麻痹，腹部或会阴尿湿，常在昏迷中死亡。

触诊病貂鼠蹊部两侧脂肪，手感呈硬猪板油状或绳索状。

成年貂多为慢性病例，经常出现剩食、消瘦，不愿活动、尿湿等症状，易与阿留申病混淆。

（三）病理解剖变化

尸体皮肤剥开皮下脂肪组织黄染多汁，有的皮下有出血点，鼠蹊部两侧脂肪黄白色，湿润多汁，有的水肿，淋巴结肿大。

胸、腹腔有水样黄褐色或黄红色胸腹水。大网膜和肠系膜脂肪呈污黄色多汁，肠系膜淋巴结肿大，肝脏肿大呈土黄色或红黄色，质脆易破裂，弥漫性肝脂肪变性，典型脂肪肝；肾肿大、黄染。胃肠黏膜有卡他性炎症，附有少量黏液状内容物或褐红色的内容物，直肠有少量煤焦油样黏稠的稀便。

慢性病例，尸体消瘦，皮下组织干燥黄染不明显，肝浊肿，呈粉黄红色或淡黄色，质硬脆，切面干燥无光泽。肾被膜紧张，光滑易剥离，肾实质灰黄色或污黄色，胃肠有慢性卡他性炎症。

（四）诊断

根据临床症状和病理剖检变化可以作出确诊。

（五）预防

注意饲料质量，加强冷库的管理发现脂肪氧化变黄或酸的鱼、肉饲料，要及时处理，改作他用，或到取皮期喂皮兽。

（六）治疗

发现此种情况，应立即停喂变质酸败的动物性饲料，调整饲料成份，加喂维生素 E。

对大群貂有重点的逐头检查、触诊，用手摸下腹部两侧，和鼠蹊部的脂肪肿块（猪板油状或绳索状）的变化或有下痢症状的，都列为治疗对象。

病貂每天每头分别肌肉注射维生素 E 或复合亚硒酸钠维生素 E 注射液 0.5 ~ 1.0 毫升，复合维生素 B 注射液 0.5 ~ 1.0 毫升，青霉素 1 万单位，持续给药 7 ~ 10 天，同时，要改变饲料，给新鲜易消化的全价饲料。

第六节　水貂常见的普通性疾病

一、流产

流产是水貂妊娠中期、后期妊娠中断的一种表现形式，是水貂繁殖期的常见病，给生产带来一定的损失。

（一）病因

引起水貂流产的原因主要有以下两类。

饲养管理原因，如饲料不全价、不新鲜、轻度发霉变质，饲料突变，大群拒食，外界环境不安静等诸多因素，都可引起流产。

妊娠中、后期由于胎儿比较大，胎儿死亡，母体不能吸收，就表现流产。

（二）临床症状

水貂多发生隐性流产，看不到流产胎儿，但有时在笼网的地面上能看见残缺的胎儿，恶露。母貂剩食，食欲不好。

（三）治疗

对已发生流产的母貂，要防止子宫内膜炎和中毒。可肌肉注射青霉素，水貂10万~20万单位，每天两次，连续3~5天；食欲不好的注射复合维生素B或维生素 B_1 注射液，肌肉注射1~2毫升。对不全流产的母貂，设法防止继续流产和胎儿死亡，常用复合维生素E注射液，水貂1~2毫升，1%的孕酮水每只貂0.1~0.2毫升。

（三）预防

在整个妊娠期饲料要保持恒定，新鲜全价，卫生。貂场内要安静，防止意外惊扰及鞭炮声，不要有其他动物串进。

二、难产

难产是指在无辅助分娩的情况下，分娩过程发生困难，不能将胎儿顺利娩出体外，是毛皮动物产仔期的疾病。

(一) 病因

雌激素，垂体后叶素及前列腺素分泌失调；孕兽过度肥胖或营养不良；产道狭窄、胎儿过大、胎位和胎势异常等都可导致难产。

(二) 临床症状

母貂已到预产期并出现了临床症状，时间已超过 24 小时仍不见产程进展，母貂表现不安，来回走动，呼吸急促，不停地进出产箱，回视腹部，努责，排便，有时发出痛苦的呻吟，后躯活动不灵活，两后肢拖地前进，从阴部流出分泌物，病貂不时地舔舐外阴部，有时钻进产箱内，蜷曲在垫草上不动，甚至昏迷，不见胎儿产出，视为难产。

(三) 难产的处理

1. 助产

胎位异常时，只有通过人工助产，然后注意给母貂注射葡萄糖、维生素 C 等补充体液。先用消毒药液做外阴部处理，然后将胎位导正，再用甘油做阴道内润滑剂，将胎儿缓缓拉出。

2. 催产

如果是产仔时间过长，就应该考虑使用催产的药物，如用肌注脑垂体后叶素（催产素）0.1 ~ 0.2 毫升（或肌注 0.05% 麦角固醇 0.1 ~ 0.5 毫升）。

3. 剖腹产

在使用催产素后，产仔仍然不正常的，就只有实施剖腹产手术，以挽救母貂和胎儿生命。

(1) 保定。仰卧或侧卧保定。

(2) 麻醉。全身麻醉配合局部浸润麻醉。全身麻醉可选用水合氯醛直肠灌注，如用10%水合氯醛溶液10~20毫升，深部直肠灌注或选用龙朋，静松灵，速眠新等药物肌肉注射；局部浸润麻醉用0.5%~0.8%盐酸普鲁卡因注射液。

(3) 消毒。术部，手术器械，术者手臂等均应按常规外科手术要求进行严格消毒。术部先剃毛，再用5%碘酊消毒，最后用75%酒精脱碘消毒，然后盖上灭菌的创布并固定。

(4) 手术方法。水貂在髋结节与最后肋骨间切4~5厘米。剪开腹膜，用灭菌纱布保护创口，将妊娠子宫角引到创口外，放到灭菌的创布上，在子宫角大弯处延纵轴作3~4厘米长的切口，从切口处由远到近依次压迫子宫壁，使胎儿移向切口并取出胎儿，随时吸干羊水。一侧子宫角取完胎儿，再以同样的方法取出另侧子宫角内的胎儿。用灭菌生理盐水冲洗子宫腔，排尽液体，用灭菌纱布擦净切口，向子宫内放入青霉素粉40万~80万单位。用肠线缝合子宫黏膜，再内翻缝合浆膜和肌层，将子宫还纳回腹腔，并整复。向腹腔内注入青霉素40万~80万单位。用肠线缝合腹膜，肌肉，用缝合线结节缝合皮肤，整复创口涂以碘酊，敷以梅氏绷带。8~10天后拆线。若术部化脓，应及时处理，并用青霉素水貂20万~40万单位配合0.25%普鲁卡因局部封闭。

三、乳腺炎

乳腺炎是指母貂泌乳期乳腺的急慢性炎症。

（一）病因

产仔初期发炎是因乳管堵塞或因仔貂生命力弱吸吮能力不强或仔貂死亡，致使乳汁常时间滞留于乳腺中引起乳腺炎，也有因仔貂较多，乳汁不足常咬伤乳头引起发炎。

（二）临床症状

患病母貂徘徊不安，拒绝仔貂哺乳，常在产箱外跑来跑去，有时把仔貂叼出产箱，仔貂不发育。腹部不饱满，叫声无力。触诊母貂乳腺，热，痛，硬，肿胀。病情严重的母貂有全身症状，食欲减退，体温升高等。

（三）诊断

发现初产母貂徘徊，不安仔貂叫声异常者，应及时检查母貂的泌乳情况和乳房状态，触诊母貂乳房热而硬，并有痛感，说明这只母貂患有乳腺炎，应给予治疗。

（四）治疗

初期冷敷，每个乳头结合按摩排乳，在乳腺两侧用0.25%普鲁卡因稀释青霉素进行封闭，每侧注射3～5毫升，并全身注射青霉素30万～40万单位。并注射复合B和维生素C 1～2毫升，仔貂可以代养。

四、产后母貂缺奶

母貂产后缺奶或无乳是当前毛皮动物养殖业繁殖期经常发生的问题，给养殖者造成一定的经济损失。由于母貂产后没奶或缺奶，新生仔貂吃不上奶，逐渐衰竭而死。

(一) 病因

主要是妊娠期饲养管理不当，造成初产和老龄母貂营养缺乏或过剩，个别的是与遗传因素、激素分泌紊乱、隐性乳腺炎等有关，特别是新养殖户和饲料匮乏地区饲料不规范，不按标准饲喂，缺乏必要的蛋白和脂肪，造成缺奶或无奶。

(二) 治疗

改善饲养管理；增加饲料中促进泌乳的肉，蛋，奶，稠度要稀一些。给母貂注射催产素，水貂30微克，一般注射见效，个别的第2~3天再注射一次，如果配合地塞米松使用效果更明显。此外对机体瘦弱母貂可口服中药通乳散。

(三) 预防

搞好妊娠期的饲料供给，没经过生产检验的饲料不要喂，一旦造成不良后果无法挽救。此外在繁殖期要舍得投入饲料，但妊娠母貂也不宜养的过肥。

五、日射病

日射病是动物头部，特别是延髓或头盖部受烈日照射过久，脑及脑膜充血而引起。

(一) 病因

炎热的夏季烈日照射头部和躯体过久，此病多发于夏日中午12点至午后2~3点钟，貂棚遮光不完善或没有避光设备。

（二）发病机制

在烈日照射下，水貂体温迅速增高，破坏脑内循环，脑膜和脑血管扩张，充血，发生脑水肿。并常出现脑微血管破裂，引起脑出血，致使神经中枢部分机能遭到破坏，直至危害生命中枢，麻痹而死。

（三）临床症状

患病水貂精神沉郁，步伐摇摆及处于晕厥状态，有的发生呕吐，头部震颤，呼吸困难，全身痉挛尖叫，最后在昏迷状态下死亡。

（四）病理解剖变化

尸体营养状态良好，脑及脑膜血管充盈明显可视，即高度充血和水肿，脑切开有出血点或出血灶，胸膜腔比较干燥，充淤血，肺充血，心扩张，有的出现肺水肿。肝、脾、肾充血、淤血，个别的有出血点。

（五）诊断

根据发病的季节、时间及症状可以确诊。

（六）治疗

发现马上把病貂放到通风良好，阴凉处，头部施行冷敷或冷水灌肠，心脏机能不全的水貂可肌肉注射维他康复 0.2～0.3 毫升，皮下注射 5% 葡萄糖盐水 10～20 毫升，分多点注射，发病地点或兽场内降温，往地上浇凉水。或往兽笼上喷凉水降温。

（七）预防

进入盛夏，兽场内中午要有专人值班降温防暑喷水，受光直射的部位要做好遮光，多饮水。

六、热射病

热射病是动物在外温比较高、湿热，空气不流通的环境下，体温散发不出去而蓄积体内导致缺氧所引起的疾病。临床上以体温升高，循环衰竭，呼吸困难，中枢神经机能紊乱为特征。多发于长途车、船、飞机运输和小气候闷热，空气不流通的笼舍或产箱内。

（一）病因

局部小气候闷热，空气不流通，动物体温散发不出去，过热而死。

（二）临床症状

出现体温升高，循环衰竭及不同程度的中枢神经机能紊乱，缺氧，呼吸困难，大汗淋漓，可视黏膜发绀，流涎，口咬笼网张嘴而死。接近分窝断乳时，由于产箱（或小室）内湿热，母仔同时死在窝内。

（三）病理解剖变化

多与日射病变化一样。详见日射病病理变化。

（四）诊断

根据发病季节和时间、所处的环境、死亡的状态可以确诊。

（五）治疗

发现此情况立即把病貂散开，放在通风良好，阴凉处，强心，镇静。

（六）预防

长途运输种貂要有专人押运，及时通风换气。天热时，饲养员要经常检查产仔多的笼舍和产箱，必要时把小室盖打开，盖上铁丝网通风换气以防闷死，产箱内垫草要经常打扫更换。炎热的夜晚，让值班人员或饲养员把貂赶起来，运动，通风换气。

七、脑水肿

脑水肿又叫大头病，常见于水貂新生仔兽。特点：后脑显著肿大，像鹅头。不能治愈，转归死亡。一般情况下，生后死亡被母貂吃掉，不易被发现。

（一）病因

脑水肿是一种遗传病，当这种致死性状的隐性基因巧合时，则仔貂发生该病。单方具有此基因者，可以隐性遗传给下一代。

（二）临床症状

在检查初生仔貂时可以发现典型症状头大，仔细观察后脑头盖骨高，后脑明显突出，如鹅头状。触诊肿胀部柔软，有波动感。这种仔貂萎靡不振，日渐消瘦，吸吮能力差，发育落后很快死亡。

（三）病理解剖变化

当把脑剖开后，从脑腔中流出大量液体，脑实质受压迫

偏向一侧，头盖骨软化，向外弯曲，当液体流出后，脑腔留下很大的空洞。其他器官未见特征性变化。

(四) 预防

防止近亲，生产这样仔兽的母貂和公貂一律淘汰，不留种用。

八、幼貂胃肠炎

幼貂胃肠炎多发生于刚断乳的幼貂，此期幼貂胃肠机能很弱，由吃母乳改为吃混合料，一旦饲养发生失误，就很容易引起幼貂胃肠炎发生腹泻，出现大批死亡。

(一) 病因

饲料质量不佳，新鲜程度不好。

日粮比例不当，调制方法不合理、应激反应，卫生条件不良等，都可引起肠道菌群失调，导致腹泻。

(二) 临床症状

病初粪便不正常，出现拉稀，食欲减退。精神沉郁，病貂可视黏膜苍白贫血，眼球塌陷，被毛焦躁，弓腰蜷腹，肛门及会阴被稀便污染。有的病貂出现呕吐，呈里急后重，严重者可出现脱肛现象。

(三) 病理解剖变化

尸体消瘦，可视黏膜苍白。急性经过者，胃肠黏膜有出血点或条状出血。肝脏红肿，质地脆弱，捏之易碎。慢性经过者，肠壁菲薄。

（四）诊断

根据临床症状及病理解剖变化，可以作出诊断。

（五）治疗

兽群出现腹泻时，应给全群投药预防，实践证明，选用氟哌酸较好。治疗应选用庆大霉素，卡那霉素、琥珀氯霉素、乳酸环丙沙星、黄连素、磺胺脒等，结合维生素 B_1 或复合维生素 B 注射液注射或口服。

（六）预防

避免幼貂采食剩食，及时清洗消毒食具，保持兽舍内良好卫生，定期消毒，防止过食。

生态防治：TM 制剂是通过产生蛋白酶、淀粉酶、产酸、生物夺氧及高的存活力在肠道中发挥作用，调解胃肠道的正常菌群，从而达到预防和治疗胃肠炎的目的。

第八章 水貂毛皮品质评定与毛皮加工关键技术

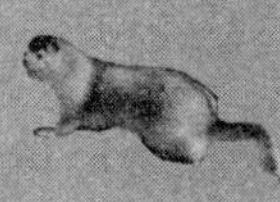

第一节　水貂皮张品质评定标准

水貂皮的质检与分级是一项技术性很强的工作，依据《中国毛皮动物》（2007.5）报道，毛皮动物毛皮品质评定标准如下。

一、加工要求

按季节屠宰，剥皮方法适当，皮形完整，唇、眼、耳、鼻、尾、腿齐全，剔除油脂，上于楦板，毛向外呈桶形晾干。

二、质量标准

一级：正季节皮，皮形完整，毛绒平齐，毛色纯正且光亮，背腹基本一致，针绒毛长度比例适中，针毛覆盖绒毛好，板质良好，无伤残。

二级：正季节皮，皮形完整，毛绒品质和板质略差于一级皮标准，或具有一级皮质量，可带下列伤残、缺陷之一者：①针毛轻微勾曲或加工撑拉过大；②自咬伤，擦伤、小疤痕、破洞或白撮毛集中一处，面积不超过 2 平方厘米；③皮身有破口，总长度不超过 2 厘米。

三级：正季节皮，皮形完整，毛绒品质和板质略差于二级皮标准，或具有二级皮质量，可带下列伤残、缺陷之一者：①毛峰勾曲较重或严重撑拉过大；②自咬伤，擦伤、小疤痕、破洞或白撮毛集中一处，面积不超过 3 平方厘米；③皮身有破口，总长度不超过 3 厘米。

等外：不符合一级、二级、三级品质要求的皮（例如，受闷脱毛、流针飞绒、焦板皮、开片皮等）。

下列情况按使用价值酌情分级：开裆不正、破耳、破鼻、皮形不整、非季节皮、毛绒缠结皮、毛绒空疏和保存不当的陈皮。

彩貂皮也适于此规格，但要求毛色符合色型标准，对杂花色按等外皮收购。

三、水貂皮尺码规格

表 8－1 列出了北美拍卖行貂皮张长度规格，供参考。

表 8－1　水貂皮尺码规格（厘米）

规格	长度
000	>89
00	83～89
0	77～83
1	71～77
2	65～71

（续表）

规格	长度
3	59～65
4	53～59
5	47～53
6	<47

四、检验方法

（一）灯光设置

在距离浅色检验板上 70 厘米处平行架设两只 80 瓦日光灯。

（二）操作方法

1. 按色型、性别、长短毛、皮长等分拣

2. 评定过程遵循一摸，二抖，三目测

依据毛绒品质、皮板颜色、伤残程度综合评定。具体操作过程如下。

（1）一手捏住水貂皮头部，另一只手自颈部至尾根捋过，感知毛绒密度、针绒毛弹性以及皮板状况。

（2）左手将水貂皮尾根部捏住或压在检验台上，右手握住头部，用腕力轻轻抖动，使毛绒恢复自然状态，目测毛绒密度，针绒毛比例，针毛覆盖情况，光泽度，毛绒是否平齐灵活等，以此综合评价毛绒成熟度。

（3）检验嘴、眼、耳的边缘，查看夏毛脱换情况和皮板颜色，判定剥皮季节。然后翻转皮身，目测腹部绒毛发育情况，比较背部及腹部毛绒有无差异和伤残程度。用手指拨动或嘴吹局部绒毛，断定伤残程度。双手将两后肢向外扒开，目测露出的皮板部分的色素深浅，有无霉变和虫蛀。

3. 皮长测量方法

为鼻尖到尾根，每挡交叉时就上不就下。

第二节　水貂取皮关键技术

养殖水貂最终目的是获得优质毛皮，除品种特性及饲养管理水平影响毛皮质量外，取皮技术也是影响因素之一。取皮技术的好坏最终影响皮张价格。因此，必须严格按照国家相关规定，规范操作，减少人为操作对毛皮品质造成不可逆的影响。

一、确定取皮时间

（一）季节皮取皮时间

水貂正常饲养至冬毛期所剥取的皮张称之为季节皮。季节皮取皮时间一般在 11 月中旬至 12 月上旬，但因地区纬度、饲养管理条件、品种、性别、年龄、健康状况等不同有所变化。

（二）埋植褪黑激素皮取皮时间

埋植褪黑激素的皮兽一般在埋植后 3 ~ 4 个月内及时取皮，如果超过 4 个月不取皮，皮兽就会出现脱毛现象。

二、毛皮成熟度鉴定

要获得高质量的毛皮除了准确掌握取皮时间外，还要掌握毛皮成熟度的鉴定。

貂皮成熟的标志：

夏毛脱净，针毛光亮，绒毛厚密，全身被毛灵活一致。全身被毛毛峰长度均匀一致，尤其毛皮成熟晚的后臀部针毛长度与腹侧部一致，针毛毛峰灵活分散无聚拢，颈部毛峰无凹陷（俗称塌脖），头部针毛亦竖立。

冬皮成熟的水貂转动身体时，毛被出现明显的裂隙。将毛吹开，看活体皮板颜色，冬皮成熟时，皮肤颜色由青变白，剥下的皮其皮板颜色变白。如皮板呈浅蓝色，则皮肤本身含有黑色素，证明毛皮不完全成熟。

正式取皮前挑选冬皮成熟的个体，先试剥几只，观察冬皮成熟情况，皮肉易分离，皮板洁白即为成熟毛皮。

三、处死

处死皮兽要求迅速便捷，不损坏和污染动物毛绒。处死方法要符合动物福利要求。

（一）处死方法

1. 药物致死法

常用药物为横纹肌松驰药司可林（氯化琥珀胆碱），按水貂每千克体重 1 毫克的剂量皮下注射、肌肉注射或心脏注射，

3～5 分钟死亡，死亡过程中无痛苦和挣扎。

2. 电击法

将连接 220 伏交流电（正极）的金属棒插入水貂肛门内，引逗其爪或嘴部接触于连接零线（负极）的铁网上，接通电源 3～5 秒钟，皮兽可立即死亡。

3. 心脏注入空气法

向皮兽心脏内注入少许空气，破坏心脏瓣膜致其死亡。

4. 窒息处死法

将皮兽置于充满一氧化碳或二氧化碳的密闭容器内，使其窒息死亡。

不得采用折颈、压杠、绳勒、水浸、棒击、摔打等违反动物福利的野蛮方法。

（二）保持尸体清洁

处死后的尸体要摆放在清洁干净的台面或物体上，不要沾染泥土灰尘，尸体不要堆放在一起，以防体温散热不畅而引起受闷脱毛。

四、剥皮

剥皮是影响毛皮品质的因素之一。剥皮要求动作轻便，不损伤皮板。主要剥皮方法有筒状剥皮法和片状剥皮法两种。筒状剥皮法先从肛门处下刀，沿着背、腹部的分界毛挑开后裆，从后往前剥。采用筒状剥皮法的，一般是价值较高的小毛皮。剥皮时不要用力过大或撕剥过急，以免损伤皮张。片状剥皮法是先从腭下开刀，沿腹部中线直挑到尾根，再从尾

根挑到尾尖，最后挑开四肢。挑腿时，从里向外弯挑，从前腕后跗正中处直线挑到蹄根，避免造成反爪而降低出材率。水貂取皮多采用圆筒式剥皮方法。

（一）挑裆

将屠宰的水貂仰卧在操作台上。用挑刀或剪刀由后肢的爪掌中间沿后肢内侧长短毛分界处横过肛门前缘（离开肛门3厘米）直至另一后肢的爪掌中间挑第一刀，然后从肛门下方沿尾腹面中线向尾尖挑第二刀。约其尾长2厘米位置处，剥离将尾骨抽出。再去掉肛门前一小块三角形毛皮，使上下裆平齐。

（二）抽尾骨

剥离尾骨两侧皮肤至挑尾的下刀处，用一手或剪把固定尾皮，另一只手将尾骨抽出，再将尾皮全部剪开至尾尖部。

（三）剥离后肢及躯干

用手撕剥后肢两侧皮肤至爪部，将爪留在皮板上。剪断母兽的尿生殖道或公兽的包皮囊。将皮兽两后肢挂在铁钩上固定好，两手抓住后裆部毛皮，从后向前（或从上向下）筒状剥离皮板至前肢处，并使皮板与前肢分离。

（四）剥头颈

继续翻剥皮板至颈部、头部交界处，找到耳根处将耳割断，再继续前剥，将眼睑、嘴角割断，剥至鼻端时，再将鼻骨割断，使耳、鼻、嘴角完整地留在皮板上，注意勿将耳孔、眼孔割大。

第三节 水貂鲜皮初加工技术

剥下来的鲜皮上往往附着脂肪、血迹、残肉等物质，这些因素影响皮张的干燥和贮存，为达到毛皮出售的商品标准，必须对鲜皮进行正确的初加工。鲜皮初加工主要分为刮油、洗皮、上楦、干燥、下楦、贮存。

一、刮油

即用刮油刀将皮板上的皮下脂肪和残肉等刮除。刮油前先将剥好的筒皮冷冻几分钟，待脂肪凝固后开始刮油（因脂肪凝固后刮油容易，且不易使油污染毛绒）。刮油时毛绒向里套在直径4.0~4.5厘米的胶管或木棒上。首先，刮掉尾上和皮板后边缘的脂肪及结缔组织，然后将后肢与尾拉平用左手抓住，右手持刮油刀由臀部向头部方向逐渐向前推进刮油，直至耳根为止。在刮油时为了防止脂肪污染毛绒，应边刮边用麦麸或锯末搓洗手指和皮板。刮油时持刀要平稳，用力要均匀，以刮净脂肪、残肉和结缔组织为好。如果脂肪、残肉和结缔组织刮不净可用剪刀剪掉。

使用刮油刀的钝、快，随刮油技术熟练程度而定，初刮者宜用钝刀，熟练者可用快刀，以不损伤毛皮为标准。母貂皮的腹部很薄，乳头周围更薄，刮到这些部位时要加倍小心，用刀要轻，也可用刀背刮，以防伤皮，刮公貂皮生殖器周围时也应注意这一点。

大型养殖场可采用机械刮油。将毛皮套在刮油机的辊轴

上，铁夹固定后肢和尾部。右手持刮油刀柄，启动刮油机，刮油刀开始旋转。刮油时，从头部起刀，轻轻向后推刀至尾部，依次推刮。注意起刀速度不能过慢，这样容易因刀短暂停留在毛皮一处旋转生热致使皮板遭受损害。

二、洗皮

将刮完油的皮板首先用剪刀将头部、爪及皮张边缘等处的残肉和结缔组织修剪，然后用麦麸或锯末把皮板上的脂肪和污物搓洗干净，搓至皮板发干不沾麦麸为止。把皮板上的麦麸刷净再将皮板翻成毛朝外，搓洗毛绒，搓至毛绒干净且有亮光为止，最后把皮板和毛绒上的麦麸刷净。注意洗皮用的麦麸或锯末一定要用细筛筛掉细粉，不能用针叶树的锯末。

大型养殖场可采用转笼和转鼓。将刮完油的貂皮皮板朝外放入装有麸皮或锯末的转鼓内。转鼓旋转使锯末与毛皮接触摩擦达到洗皮目的。为了去除锯末或尘屑，将洗完的毛皮次放进转笼，使毛皮清洁无杂物。

三、上楦

上楦的目的是使鲜皮干燥后有符合商品皮要求的规格形状。楦板的规格是有严格要求的水貂皮楦板规格见表 8－2。

上楦的方法有以下 2 种。

1. 一次上楦法

先将楦板前端用麻绳缠住，把毛绒向外的貂皮套在楦板上。貂皮的鼻尖端要直立的顶在楦板尖端，两眼在同一水平线上。手拉耳朵使头部尽量伸长，要将两前腿调整，并把两前腿顺着腿筒翻入内侧，使露出的前腿口和全身毛面平齐。然后手拉臀部下沿向下轻拉，使皮板尽量伸展，将尾部加宽缩短摆正，固定两后腿使其自然下垂，拉宽平直靠紧后用铁丝网压平并用图钉固定。

2. 二次上楦法

第一次上楦板时，使毛绒向里皮板向外套在楦板上，方法同前。待皮张干至六七成时，再翻皮板毛绒朝外形状，上到楦板上进行干燥。此方法使貂皮易于干燥而不易发生霉烂变质，但较费工，干燥程度掌握不准时常易出现折板现象。

表 8－2　水貂皮楦板规格

公貂皮	母貂皮
全长 1 100 毫米，厚 11 毫米	全长 900 毫米，厚 10 毫米
距尖端 20 毫米处，宽 36 毫米	距尖端 20 毫米处，宽 20 毫米
距尖端 130 毫米处，宽 58 毫米	距尖端 110 毫米处，宽 50 毫米
距尖端 900 毫米处，宽 115 毫米	距尖端 710 毫米处，宽 72 毫米
距尖端 130 毫米处，中部开透槽，长 710 毫米，宽 5 毫米	距尖端 130 毫米处，中部开透槽，长 600 毫米，宽 5 毫米
距尖端 130 毫米处，两侧开半槽，长 840 毫米，宽 20 毫米	距尖端 130 毫米处，两侧开半槽，长 700 毫米，宽 15 毫米
由尖端起，两侧正中开一条小沟槽，距尖端 140 毫米处开长 140 毫米与中槽相通的透槽	由尖端起，两侧正中开一条小沟槽，距尖端 120 毫米处开长 130 毫米与中槽相通的透槽

四、干燥

干燥的目的是去除鲜皮内的水分，使其干燥成型并利于保管贮存。上楦板的皮张要当天送到干燥室。貂皮多采用风机给风干燥法，将上好楦板的皮张分层放置于风干机的吹风烘干架上，然后将貂皮嘴套入风气嘴，让空气进入皮筒内。干燥室应控制在23～28℃，湿度在55%～65%，每分钟每个气嘴的出气量约为0.29～0.36立方米，24小时左右即可风干。温度不能太高，严禁暴热和暴烤，以防出现毛峰弯曲、焦板皮和闷板脱毛现象发生，造成经济损失。

五、下楦

待皮张基本干燥成型后，均应及时下楦。先去貂皮张上的图钉等固定物，将鼻尖挂在固定的钉子上，捏住楦板后端，将楦板抽出。可通过用手触摸的方法来判断皮张是否干燥好。如果干燥太快，则皮板会变得过硬而失去弹性，如果干燥过慢，皮板会发霉以至出现脱毛现象。干透的毛皮还要用锯末搓揉洗皮一次，彻底去除污渍和尘土，遇有毛绒缠结情况要小心把缠结部梳开。下楦后的皮张放在常温室内晾至全干的过程，全干是指皮张的爪、唇、耳部均全部干透。风晾时应把毛皮成把或成捆地悬在风干架上自然干燥。

六、贮存

干燥并梳理整齐的皮张在入库之前要在暗房内后贮5～7天，然后出售。要求后贮条件为：温度5～10℃，相对湿度为65%～70%，每小时通风2～5次。彻底干燥的皮张按毛皮收购等级、尺码要求初验分类，把相同类别的皮张分在一起。

为了防止皮张在库内发生霉变和虫蛀，仔细检查每一张皮，严禁湿皮和生虫的原料皮进入仓库。仓库要坚固完好，不能漏雨，无鼠洞和蚁穴，四周墙壁隔热防潮，通风良好。库温不低于5℃，不得高于25℃，相对湿度60%～70%。要定期对库存皮张进行检查，发现有皮板和毛被上有白色或绿色霉菌的皮张的应及时挑出。将相同类别的皮张背对背、腹对腹地捆在一起或放入纸箱或木箱内暂存保管，每捆或每箱上加注标签、注标等级、性别、数量。箱中可加一定量的防腐剂，箱内要垫一层镤纸和塑料薄膜。

第四节　水貂取皮初加工注意事项

在全国水貂集中统一销售中，经常发现因剥皮加工不当而人为降低毛皮质量的现象，外商要求索赔也时有发生。为了最大限度地减少人为致毛皮伤残，提高貂皮加工质量，在剥皮加工过程中应注意以下几个方面。

一、楦板规格及上楦

水貂皮所用楦板具有全国统一标准，分公、母两种，养殖户不得随意制作和使用不合规格的楦板，否则将会降低毛皮等级和质量。貂皮上楦前，应用砂纸将楦板磨擦光滑，检查横距，避免因横距窄而生产窄楦板貂皮，影响卖价。上楦时应以能顺利操作而不出现皱折为标准，尾簇成倒塔型，比原尾缩短1/2，后腿拉宽、展开，自然下垂，皮身不歪不斜。防止拽拉过大降低毛绒密度，影响覆盖能力，有损毛皮质量。

二、正确开裆

剥皮时开裆非常重要，如果开裆不正，将会严重影响上楦尺码和皮张等级。正确的开裆是在两后肢的长短毛分界线上准确上刀，在距肛门下0.6厘米处割掉一小块三角型毛皮，绝不允许采用脚掌→肛门→脚掌的一条线开裆方法。要防止后裆部位上重叠，做到背、腹一齐。尾皮应从中点直线挑至肚门后缘。

三、注意刮油

如果剥皮和刮油不当，就会造成刀伤和破洞等人为伤残，使一张优质貂皮变为残次皮，影响毛皮量和价格。在剥皮和刮油至生殖器和乳房部位时须格外留心，防止刮伤、撕破皮毛出现缺材，影响熟制后使用面积。

刮油前应注意将貂体上的异物清理干净，操作时貂皮不准重叠，持刀要平稳，用力要均匀，速度要适中。使用机械刮油时，所刮部位只许走刀一次，如需再刮，应使貂皮转一周，不可反复多次致使皮板发热烫伤毛囊而出现大面积机械性损伤脱毛，严重影响毛皮质量。应努力提高技术水平和熟练程度，手法不宜过重，以免损伤毛囊出现流针飞绒。

四、及时风干

貂皮上楦后，一律采取风干办法。上机时应抖起毛峰、腹部向上再送风，各皮之间不准重叠。要正确掌握温度和湿度。如果温度低、湿度大，貂皮长时间在楦板上就会出现流针飞绒，重者受闷脱毛。另外，每次处死水貂数量不宜过多而堆积，温度升高，也会造成上述情况。

五、避免污染

水貂皮的污染有损商品美观，特别是在全部外销情况下就显得格外重要，如果在取皮加工时稍加注意就可防止污染，提高毛皮质量。

选择适当的处死方法，以免水貂翻滚挣扎而损伤和污染毛绒。如果发现血液滴入毛绒，应及时用雪和凉水清洗。

刮油时，应一边刮一边不断地用木屑擦洗双手的油污，避免污染毛绒。

洗皮分洗毛面和洗皮板两项，不可混装入转鼓。所用的木屑不能含树脂，洗毛和洗皮木屑不得混合使用。每次投入转鼓的貂皮不宜过多，并注意转速不可过快，应以貂皮从转鼓上部穿过、木屑不断落入底部为好。

在洗毛面的木屑内加适量的中性洗涤剂，可使毛面洁净、光亮。

有的地区用泡桐木制造楦板，因木材含单宁物质，易使皮板黄染，必须蒸一下才可使用。

综上所述，为提高毛皮品质应重视剥皮加工环节，否则就会使一张好端端的优质貂皮成为残次皮，影响经济效益。

第五节　国内与国外毛皮初加工及毛皮品质评定形式对比

据报道，我国年生产皮张已超过3 000万张，是世界公认的水貂养殖大国，但不是强国。我国水貂养殖业大多数以家庭分散式养殖为主，规模化程度低，产品质量良莠不齐，在国际市场上缺少竞争力。毛皮初加工和品质评定作为销售过程中重要的一个环节，影响毛皮最终价格。与国外相比，我国毛皮初加工机械化和操作标准化有待加强。

在水貂取皮加工方面，从处死到剥皮、刮油、洗皮、上楦、烘干、检验、保管等各个环节上，由于我国各个养殖场在条件、设备、加工技术上均存在许多不科学的做法，如以手工操作为主，机械化水平低，使得产品质量得不到保证，丰产不丰收。而在国外，例如，丹麦水貂饲养业由毛皮协会统一组织领导，均为家庭农场式，各场所用种貂由农业部指定的种貂场提供，饲料由专门的饲料加工厂统一加工配制，送货上门。各饲养场的笼箱、饲养设备、取皮设备、工具用品等由专门的饲养、取皮设备加工厂统一制作。由于自动化、规范化程度高，水貂取皮及初加工效率高，加工后的貂皮人为损害程度小，毛皮品质好且整齐。

在国外，毛皮大多经专业的毛皮拍卖行进行交易，这种销售方式促进了毛皮品质等级评定的细化和规范化。哥本哈根毛皮中心是世界上最大的拍卖中心。每年在哥本哈根毛皮中心都有超过2 000万张的水貂皮由受过训练的员工分级和签定，保证每一捆里的所有皮张品质如一。分等分级主要是根据皮张大小、颜色和质量进行分级，毛皮中心有 200 名员工收集和销售皮张。首先按皮张长度分级，现已有专门检测皮长的设备，一天能检测 10 万张貂皮，根据皮长分成不同的组，每组长度间隔是 6 厘米。再根据颜色进行分级，目前通过颜色分级设备进行颜色分级，不同颜色的貂皮被放置在不同的小室。毛皮质量的分级是分等分级的最后一步，也是最具技术含量的一步，毛皮质量主要根据针毛密度、绒毛密度、针绒长度比、毛发的弹性、清晰度等进行分级。培训一个熟练的分级师需要几年的时间，分级师的分拣速度非常快，平均 6 ~ 7 秒钟就要给皮张分出等级，然后放置到不同毛皮质量的盒子里。现在哥本哈根毛皮中心研制成功毛皮质量分等分级的机器，该机器使用 X 光对皮张不同部位进行扫描拍照，根据 X 光照射到皮张上不同毛皮质量的部位所吸收的能量不同，所拍照片就能显示皮张上的破口、破洞、毛皮厚度、毛密度、毛长度等指标，通过已经构建的数据库和相应软件，计算出毛皮质量的各项指标，把皮张分成 24 个等级。该设备每小时拍摄 700 张照片，可完成 5 600张貂皮的质量分级，一天可为 1 万张貂皮分级，大大提高了人工分等分级的速度。

与国外的对比发现，不论在毛皮取皮加工方面还是水貂种源、饲养设备、饲养管理、饲料加工、皮张销售等各个环节我国水貂养殖业还有很大的发展空间，应充分学习和借鉴国外先进技术和经验，将我国水貂养殖做大做强。

第六节　我国水貂集约化养殖毛皮产品生产的发展趋势预测

据中国皮革协会统计，中国皮草消费正处于上升期，国内皮草服饰的市场复合增速高达22.4%。预计到2015年，国内皮草的市场容量将达到164.23亿元。这无疑表明了中国现已成为全球皮草行业发展最快的市场。近年来，国际毛皮鞣制、染色加工业迅速向我国转移，目前我国貂皮加工总量占世界的75%以上，已经成为名副其实的貂皮加工中心，最后制成的貂皮服装及饰品销往俄罗斯、日本、美国等。

近年来，国际毛皮加工业迅速向我国转移，已经成为名副其实的貂皮加工中心，最后制成的貂皮服装及饰品销往俄罗斯、日本、美国等。因发展历史及产品质量等因素，毛皮服装的一线品牌仍在国外。尽管国内的裘皮制造企业也在着力打造自主品牌，但更多的是一些地方性品牌，尚缺乏国际性品牌。这些企业均面临着“为他人做嫁衣”的尴尬，国内皮革加工生产在国际毛皮产业分工中处于中低端位置。缺乏强大的品牌使得企业定价能力比较弱，只能扮演价格接受者而非价格制定者的角色，以利润很低的出口订单赚取有限的加工费。随着竞争越来越激烈，利润率不断降低，产业利润空间遭受严重挤压，长期在低水平徘徊，无法自主开拓国内及国外市场，会严重制约产业可持续发展。

要真正的成为毛皮产业强国，我国的水貂养殖业势必要逐渐与世界接轨，学习借鉴国外的先进技术和管理经验，立足本国国情。

一、成立毛皮动物养殖协会

成立养殖协会的目的在于优化产业格局，建立必要的行业准入和监管机制。同时规范水貂饲养管理，建立统一的地区性行业标准和管理规程。从品种选育、笼舍建立、饲料配方、取皮加工，品质评定到毛皮销售，使貂皮产业形成完整的产业链。毛皮养殖协会把小散养殖户纳入统一的利益体，使生产水平和毛皮品质得以提高，同时使即便不懂市场销售的农民也能通过拍卖行售出貂皮。

二、建立拍卖行

丹麦的水貂皮贸易由哥本哈根裘皮拍卖中心统一组织公开竞拍，美国的水貂皮交易有西雅图裘皮拍卖行或加拿大多伦多拍卖行统一组织公开竞拍。世界著名的拍卖行还有芬兰的赫尔辛基，北湾和温哥华，俄罗斯的圣彼得堡，德国的法兰克福和莱比西。由拍卖行进行毛皮交易，有利于实现专业化、标准化、规模化的水貂养殖产业，促进毛皮品质评定的细化与标准化。

三、打造国际裘皮品牌

通过建立裘皮设计中心加快皮草文化建设和专业人才的培养，吸引优秀的设计师创造性地将裘皮运用到时装、家居用品的设计方面，以突破传统观念，不断创新使用裘皮，让裘皮更多地融入流行时装中，从而最终促进裘皮的销售。着力打造自主品牌，“为他人做嫁衣”的尴尬局面将不复存在，使我国裘皮企业从价格接受者转变为价格制定者。

第九章 水貂副产品开发与利用前景

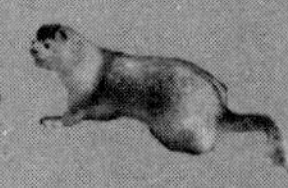

第一节　水貂副产品的分类

毛皮动物除主要提供毛皮产品外，还为人们提供大量的副产品。这些副产品有的具有药用价值，有的为工业生产和化妆品提供原料，有的则是美味佳肴，有的可作为饲料。水貂取皮后副产品有脂肪、貂肉、心、肝、鞭以及粪便等。

过去，由于重视不够或条件限制，水貂对副产品未加大开发利用，影响了综合经济效益的提高。近年来，针对水貂产品综合利用的研究越来越多，并有一些以水貂副产品为原料的新产品问世，但仍处于初始阶段，大有深入开发的必要。

第二节　水貂副产品的应用价值

一、皮下脂肪

水貂打皮期可获得大量的皮下脂肪，一只公貂身上能取下 0.65 ~0.70 千克脂肪，约占活体重的 35.3%，一只母貂身上能取 0.30 ~0.34 千克脂肪，约占活体重 32.2%。据吴晓民等（1998）报道，经气相色谱测定貂油脂肪酸组成发现貂油不饱和脂肪酸含量较高（表 9 –1），比例为 61.52%，高于牛

44.00%、羊38.00%、猪54.00%。水貂脂肪中必需脂肪酸含量为12.79%，远远高于牛5.2%、猪8.5%、羊2.8%。多不饱和脂肪酸对人和动物有重要作用，具有降血脂，防止动脉硬化的作用。常温下貂油较稳定，溶点低，无黏性，无毒，无臭、无刺激性，故可作为高级化妆品的优质原料。貂油对皮肤病（湿疹、皮肤过敏）治疗及预防有良好效果，特别是对于干燥鳞状的皮肤炎效果更明显，同时，可替代獾油治疗人皮肤烫伤。在裘皮鞣制工业中，水貂油还用于软化高级毛皮，对高级毛皮的保护和保持光泽作用十分明显。

表9-1　水貂脂肪中脂肪酸组成（%）

脂肪酸	貂脂肪	牛脂肪①	猪脂肪①	羊脂肪①
月桂酸	微	微	微	微
豆蔻酸	4.33	2.90	2.20	3.70
豆蔻烯酸	0.83	1.10	—	1.00
棕榈酸	29.21	22.10	25.90	25.00
棕榈烯酸	14.06	2.70	1.80	2.20
硬脂酸	4.94	24.20	14.60	31.10
油酸	33.84	37.10	43.60	29.50
亚油酸	11.98	3.90	8.30	2.00
亚麻酸	0.81	1.30	0.20	0.80
花生酸	—	—	—	0.20
不饱和度	61.52	44.00	54.00	38.00

注：①牛脂、猪脂、羊脂数据引自《食品常用数据手册》，中国食品出版社，1987

二、貂肉

水貂肉肉质细嫩，营养丰富，含蛋白质18%，脂肪12%，灰分5%，每100克含热量794.96KJ，属于高蛋白低脂肪的肉类。常云秀等（1998）通过对水貂肉氨基酸测定分析得出，水貂肉氨基酸组成丰富，均有17种氨基酸组成，除色氨酸在水解过程中被破坏外，人体必需氨基酸种类全（见表9－2）。特别是谷氨酸、天冬氨酸和赖氨酸含量较高，使得貂肉质细嫩，鲜美可口，可作为“野味”熟食，有滋补强壮、治疗贫血的功效。一只公貂取皮后胴体的重量约占活体重的43%，母貂占46%，是不可忽视的副产品。近年来，有的国家和地区将貂肉作为野味供应市场，也有采用特殊处理工艺结合现代食品加工技术将貂肉制成肉干、肉脯、肉肠等系列产品。此外，貂肉也可作为非同类肉食毛皮动物的饲料。

表9－2　貂肉氨基酸组成分析结果

氨基酸种类	含量（%）	氨基酸种类	含量（%）
天冬氨酸	2.29	蛋氨酸	0.58
苏氨酸	1.03	异亮氨酸	1.23
丝氨酸	0.80	亮氨酸	1.99
谷氨酸	3.88	酪氨酸	0.70
脯氨酸	1.31	苯丙氨酸	0.97
甘氨酸	1.29	赖氨酸	2.07
丙氨酸	1.43	组氨酸	0.69
胱氨酸	0.20	精氨酸	1.37
缬氨酸	0.82	合计	22.65

三、貂内脏及貂鞭

水貂的内脏，在冬季取皮期屠宰健康的水貂时收取，具有很高的药用价值。以貂心为主药配合其他中药制成的貂心丸，能治风湿性心脏病和充血性心力衰竭，疗效显著。有研究表明，每千克貂心中含有细胞色素 C 134.82 毫克，三磷酸腺苷（ATP）钠盐 968 毫克。貂肝治疗夜盲症有效，貂鞭可制成药酒等药品。

四、貂粪

一只水貂一年大约排出粪便 28 千克，是产量不小的副产品。貂粪是优质的有机肥料，含氮较高，施到田里还有杀虫的作用。用貂粪作基肥或追肥，农作物产量增加。经无害化处理后，貂粪可作为猪、鸡、鱼等动物的饲料，经发酵后可用于饲养蚯蚓。

第十章 养貂的成本核算与分析

养殖水貂的目的就是为了获取优质的貂皮和高产优质的仔貂，同时降低饲养成本，提高养殖经济效益。水貂的饲养受自然因素、种群品质、饲料营养因素、环境条件等多方面影响，而且水貂季节性繁殖特点明显，从仔兽的出生至皮张获取约 6 个月的饲养时间，如何核算养貂的成本，做好成本分析，为水貂养殖户和即将要开始投入水貂养殖行列的生产者提供依据。

第一节 养貂生产成本分析的内容

一、养貂成本

养殖水貂成本主要包括厂区基础设施投资资本、引貂成本、饲料成本、人工工资成本、消毒防疫及动物治疗的兽药成本、加工设备成本、厂区建造费用、维修费用及水、电费、技术培训及咨询成本等费用。其中，厂区建造及基础设施投资属于一次性投入，前期投入份额会大些，后期还会涉及一些笼舍维修、改造费用，但是份额很小；饲料生产的加工、搅拌设备等需要投入资金，提高饲料加工质量，加工和养殖过程中产生的水、电费用根据养殖的规模会发生变化；引貂的成本，根据养殖的规模而定；养殖正式投产后，饲料成本是主要的大额支出，如果是小型或家庭式养殖，人工工资成本会很少，但大型养殖场，人工工资成本份额也很高；其他的就是防疫的疫苗及兽药成本，还有一些书籍、咨询的费用，这些份额都很少。因此，综合以上分析，养貂的投入份额主要是投资建厂、饲料生产加工设备投入、引貂成本饲料成本和人工成本几个方面的投资，其中，饲料成本是每天都要消耗的大额支出，其他均是相对固定的支出。

二、养貂成本预算

成本预算是养殖户针对整个养貂过程设计的各个成本构成要素所需成本计算出一个大致的总成本投入值。成本预算可以控制成本，对养殖生产中影响成本的各种因素加以管理，发现与预定的目标成本之间的差异，采取一定的措施加以纠正。

三、通过成本核算，得出准确的成本分析

做好计算成本工作，首先要建立好原始记录；建立并严格执行材料的计量、检验、领发料、盘点、退库等制度；制定原材料、燃料、动力、工时等消耗定额；严格遵守各项制度规定，并根据具体情况确定成本核算的组织方式。

第二节　如何降低养貂生产成本

近些年，随着人们生活水平的提高，水貂养殖作为“特

色养殖”中的一种，满足了人们对高品质裘皮制品的需求，养貂业的利润很高，促使大量农村养殖者开始由传统的养殖业转向水貂养殖，如山东、河北、吉林等地区，部分地区养殖集中，已经形成养殖合作社，那么皮张的销售价格受多种因素影响，如市场需求、皮张的等级等，在保证皮张质量前提下，如何能降低养貂的成本，增加养殖利润，是养殖者一直关注的重点。现从以下几个方面总结。

（一）利用当地的饲料资源条件，科学合理配制饲料，降低饲养成本

我国不同地区饲料资源优势不同，例如，临海地区，可以借助海产品的资源优势，临近屠宰场，可以借助屠宰场的畜禽肉产品及副产品资源等优势条件，减少饲料的运输、装卸成本，同时，还能保证饲料的品质新鲜要求，都是降低成本的一种方式。此外，饲料的合理搭配也非常关键，饲料配制合理会增加动物对营养物质的吸收率，减少饲料浪费，也是一种节省成本的方式。

（二）保证种貂源的品质，高产优质皮张

种貂的品质决定后代的品质，从而决定皮张的质量，优质的种貂可以高产仔貂，扩大群体，群体扩大后生产的优质皮张更多，优质的皮张决定销售的价格，销售的利润也随之增加，也是一种间接降低生产成本的方式。

（三）重视饲养管理，加强防疫，降低感染重大疾病的风险，从而降低成本

重视饲养管理，定期清理，消毒笼舍和厂区，同时，做

好各个阶段的接种防疫工作，是减少重大传染病的关键，同时，在繁殖期期间尽量避免外界环境因素对母貂造成的惊扰，加强饲养水平、细心观察，增加仔貂的成活率，减少养殖损失。

（四）把好饲料关，提高养殖人员的技术水平

水貂季节性繁殖特点明显，配种时间较短，要提高养殖人员的技术水平，增加母貂的受孕率和产仔率，同时，做好饲料的品质检查工作，水貂生产的各个阶段对饲料的要求均较高，做好繁殖、营养和饲养管理的工作，就会增加养殖效益。

第三节　养貂投资实例分析

一、投资规模

以家庭投资每年稳产 500 张貂皮的规模计算，在建场及投资方面需要的投入和准备。

第一年需要引种 200 只水貂，其中，40 只公貂，160 只母貂。公母比例为 1∶4 有利于配种产仔。第二年配种产仔分窝成活 720 只（按每只母貂产仔成活 5 只，配种率 90% 计算），按照 10% 的死亡率计算，到年底打皮 650 只，留种 200 只种貂。使每年稳定产出 650 只貂皮的规模。

二、投资资金预算

引种：200 只 ×300 元/只 =60 000 元

笼舍用具：50 元/只 ×920 个 =46 000 元

饲料费用：种貂 200 只 ×180 元/只 + 皮貂 650 只 × 130 元/只 = 120 500元

防疫及兽药：920 只 ×5 元/只 =4 600 元

先期投入总计：231 100 元

第二年皮貂收入：650 只 ×300 元/只 =195 000 元

第三年后无引种、笼舍、用具等投入，可以实现收回成本和盈利。家庭貂场可以 2 个人开展经营，基本不需要从外面雇用人工。根据市场皮张变化可以适当调整种群的大小，每年平均利润在 6 万 ~8 万元。如果再加上开发利用一些副产品（貂心、貂胴体等）或是出售部分种貂，其利润会更大。所以，家庭养貂是一项投资较小，收益较大的致富项目。

主要参考文献

李光玉，杨福合. 2006. 狐貉貂养殖新技术［M］. 北京：中国农业科学技术出版社.

李维炯. 2008. 微生态制剂的应用研究［M］. 北京：化学工业出版社.

刘晓颖，程世鹏. 2013. 水貂养殖新技术［M］. 北京：中国农业出版社.

佟煜人，钱国成. 1990. 中国毛皮兽饲养技术大全［M］. 北京：中国农业科技出版社.

佟煜仁，张志明. 2009. 图说：毛皮动物毛色遗传及繁育新技术［M］. 北京：金盾出版社.

王继远. 1990. 毛皮动物手册［M］. 吉林：吉林科学技术出版社.

王凯英，李光玉. 2014. 水貂养殖关键技术［M］. 北京：金盾出版社.

熊德鑫. 2008. 肠道微生态制剂与消化道疾病的防治［M］. 北京：科学出版社.

朱广祥，范克平. 1997. 饲料生产应用手册［M］. 北京：中国农业科技出版社.

如何办个赚钱的

◎蛇 ◎蟾蜍
◎蚕 ◎乌鸡
◎貉 ◎水蛭
◎狐 ◎竹鼠
◎肉狗 ◎肉鸽
◎肉驴 ◎水貂
◎蝎子 ◎长毛兔
◎甲鱼 ◎观赏鱼
◎土元 ◎食用蛙
◎獭兔 ◎黄粉虫
◎蜈蚣 ◎小龙虾
◎蝇蛆 ◎宠物犬
◎蚯蚓 ◎梅花鹿
◎肉兔 ◎黄鳝、泥鳅

家庭养殖场

责任编辑 闫庆健 张敏洁
封面设计 孙宝林 高 鍪

ISBN 978-7-5116-2559-5
定价：30.00元